农村政策与管理系列丛书

主编　崔富春

农村水资源开发利用与管理

魏清顺　编著

U1014229

中国社会出版社

图书在版编目（CIP）数据

农村水资源开发利用与管理/魏清顺编著. —北京：中国社会出版社，2010.1
（农村政策与管理系列丛书/崔富春主编）

ISBN 978—7—5087—3008—0

Ⅰ.①农… Ⅱ.①魏… Ⅲ.①农业资源：水资源—资源开发—研究—中国②农业资源：水资源—资源利用—研究—中国③农业资源—水资源管理—研究—中国 Ⅳ.①F323.213

中国版本图书馆 CIP 数据核字（2009）第 230288 号

丛 书 名： 农村政策与管理系列丛书
书　　名： 农村水资源开发利用与管理
编　　著： 魏清顺
责任编辑： 王秀梅　逄玉静

出版发行： 中国社会出版社　　邮政编码：100032
通联方法： 北京市西城区二龙路甲 33 号新龙大厦
电话：（010）66080300　　（010）66083600
（010）66085300　　（010）66063678
邮购部：（010）66060275　电传：（010）66051713
网　　址： www.shcbs.com.cn
经　　销： 各地新华书店

印刷装订： 北京市优美印刷有限责任公司
开　　本： 140mm×203mm　1/32
印　　张： 6.25
字　　数： 156 千字
版　　次： 2010 年 1 月第 1 版
印　　次： 2014 年 3 月第 3 次印刷
定　　价： 12.00 元

建设社会主义新农村书屋

总序　造就新农民　建设新农村

李学举

党的十六届五中全会作出了建设社会主义新农村的战略部署。在社会主义新农村建设过程中，大力发展农村文化事业，努力培养有文化、懂技术、会经营的新型农民，既是新农村建设取得进展的重要标志，也是把社会主义新农村建设不断推向前进的基本保证。

为落实中央的战略部署，中央文明办、民政部、新闻出版总署、国家广电总局决定，将已开展三期的“万家社区图书室援建和万家社区读书活动”由城市全面拓展到农村，“十一五”期间计划在全国三分之一以上的村委会开展农村图书室援建和读书活动，使两亿多农民由此受益，让这项造福城市居民的民心工程同时也造福亿万农民群众。中央领导同志对此十分重视，中共中央政治局委员、国务院副总理回良玉同志作出重要批示：“发展农村文化事业是新农村建设的重要内容，也是农村发展中一个亟待加强的薄弱环节。在农村开展图书室援建和读书活动，为亿万农民群众送去读得懂、用得上的各种有益书刊，对造就有文化、懂技术、会经营的新型农民，满足农民全面发展的需求，将发挥重要作用。对这项事关农民切身利益、事关社会主义新农村建设的重要活动，要精心组织，务求实效。”

中共中央政治局委员、中央书记处书记、中宣部部长刘云山同志也作出重要批示。他指出：“万家社区图书室援建和万家社区读书活动，是一项得人心、暖人心、聚人心的活动，对丰富城市居民的文化生活、推动学习型社区建设发挥了重要作用。这项活动由城市拓展到农村，必将对丰富和满足广大农民群众的精神文化生活，推动社会主义新农村建设发挥积极作用。要精心组织，务求实效，把这件事关群众利益的好事做好。”

为了使活动真正取得实效，让亿万农民群众足不出村就能读到他们“读得懂、用得上”的图书，活动的主办单位精心组织数百名专家学者和政府相关负责人，编辑了“建设社会主义新农村书屋”。“书屋”共分农村政策法律、农村公共管理与社会建设、农村经济发展与经营管理、农村实用科技与技能培训、精神文明与科学生活、中华传统文化道德与民俗民风、文学精品与人物传记、农村卫生与医疗保健、农村教育与文化体育、农民看世界等10大类、1000个品种。这些图书几乎涵盖了新农村建设的方方面面。“书屋”用农民的语言、农民的话，深入浅出，使具有初中文化水平的人就能读得懂；“书屋”贴近农村、贴近农民、贴近农村生活的实际，贴近农民的文化需求，使农民读后能够用得上。

希望农村图书室援建和农村读书活动深入持久地开展下去，使活动成为一项深受欢迎的富民活动，造福亿万农民。希望“书屋”能为农民群众提供一个了解外界信息的窗口，成为农民学文化、学科技的课堂，为提高农民素质，扩大农民的视野，陶冶农民的情操发挥积极作用。同时，也希望更多有识之士参与这项活动，推动农村文化建设，关心支持社会主义新农村建设。

值此“新农村书屋”付梓之际，以此为序。

目 录

第一章 农村水资源开发与利用

一、水资源概述 /1
二、地表水源的开发与利用 /3
三、地下水源的开发与利用 /7
四、集雨工程 /9
五、水质评价 /11

第二章 农村输水工程

一、灌溉渠道系统 /13
二、管道输水系统 /21

第三章 农田灌溉与排水

一、地面灌溉 /28
二、节水灌溉 /35
三、农田排水 /67
四、灌溉与排水系统的管理 /94

第四章 农村饮水工程

一、概述 /98
二、水质净化 /102
三、输配水 /120
四、农村污水处理 /138

第五章 牧区水利

一、牧区饮水点的选择和布局 /147
二、牧区供水要求 /149
三、牧区供水工程设施 /153
四、牧区水利建设 /155

第六章 农村水环境和生态环境建设

一、河道整治 /159
二、水土流失治理 /165
三、灾害与防治 /173

第七章 农村水利建设与管理

一、基本思路 /184
二、主要内容 /185

参考文献 /190

第一章　农村水资源开发与利用

一、水资源概述

水资源是指人类长期生存、生活和生产活动中所需要的各种水，是广大农村中农业生产与人畜饮水的重要因素，丰富的水资源可以使农业生产获得高产稳产，同时为人畜提供赖以生存的保障。

水资源可分为地下水和地表水两大类。

地下水是指埋藏在土壤、岩石的孔隙、裂隙和溶隙中各种不同形式的水，有深层和浅层两种。一般来讲，地下水由于经过地层过滤且受地面气候及其他因素的影响较小，因此它具有水清、无色、水温变化小和不易受污染等优点。但是，它受到埋藏与补给条件、地表蒸发及流经地层的岩性等因素的影响；同时又具有径流量小、水的矿化度和硬度较高等缺点。另外，局部地区的地下水会出现水质混浊，水中有机物含量较大，水的矿化度很高的情况。

地表水是指以液态或固态形式覆盖在地球表面的自然水体，主要包括河流水、湖泊水、冰川水和沼泽水等。地表水受各种环境因素的影响较大，具有和地下水相反的特点。如地表水的混浊度与水温变化较大，易受污染，但水的矿化度、硬度较低，含铁量及其他物质较少；径流量一般较大，且季节性流量变化比较大。

我国水资源的时空分布特点，可通过降水、蒸发、径流等水平衡要素的分布反映如下：

1. 水资源总量较丰富，人均和地均拥有量少

我国多年平均年水资源总量为28124亿m^3，其中河川径流约占

94%，约占全球径流总量的5.8%，居世界第6位。可见，我国的水资源量还是比较丰富的。然而，我国人口众多，按13亿人口计算，平均每人每年占有的河川径流量2260m^3，不足世界平均值的1/4。我国地域辽阔，平均每公顷耕地的河川径流占有量约28320m^3，为世界平均值的80%。所以，我国水资源量与需要不相适应的矛盾十分突出，以占世界7%的耕地和6%的淡水资源养活着世界上22%的人口。

2. 水资源时空分布不均

降水是我国河川径流的主要补给来源，全国降水量的44%转化为径流。我国降水量受海陆分布和地形等因素的影响，在地区上分布很不平衡，年降水量和径流深都由东南沿海向西北内陆递减。东南沿海径流深为1200mm，而西北干旱区小于50mm，甚至等于零。我国地表径流随时间的分布也很不均匀，径流的季节性分配具有夏季丰水、冬季枯水、春秋过渡的特点，而且年际变化北方大于南方。

3. 工农业用水矛盾日益尖锐化

据全国用水量调查资料显示，按农村和工业城市用水两大类分，1993年，全国农村用水占77.6%，工业城市用水占22.4%。从新中国成立以来的50多年用水量增长情况看，平均每10年用水量约增加1000亿m^3，其中工业和城市用水增长速度高于农业。但从用水总量看，农业仍是第一用水大户。

现在我国水资源供需矛盾已严重影响国民经济的发展。按我国目前工农业生产及人民生活现状用水量统计，在中等干旱年份，全国共缺水358亿m^3，其中农业缺水300亿m^3，工业城市缺水58亿m^3。随着国民经济的迅速发展和人口的持续增加，今后相当长一段时期内，各种非农业用水量势必进一步上升，使农业用水更趋紧张。

二、地表水源的开发与利用

（一）农村地表水源常见类型

在我国广大农村中，常见的地表水源类型有四种：泉水、池塘和湖泊、小溪和河流、雨水。本节主要介绍前三种地表水源的开发方法，并讨论它们各自的优缺点（雨水的开发与利用见本章第四节）。

泉水是从地下涌出的天然水，一般从山坡或河岸涌出。泉水有两种类型：重力泉和自流泉。重力泉即一般的泉水，靠重力流出，一般是浅层地下水的含水层由于地层的自然塌陷或被溪谷截断所形成，其水质与浅层地下水相似，容易受到来自地表的污染。自流泉是靠压力流出的深层地下水，由不透水层或岩石的天然裂隙中涌出而形成，其水质与深层地下水相似，水量较大且恒定，因补给区较远，一般不受当地降水的影响。

池塘和湖泊位于地表径流的低洼处。如果池塘和湖泊上游流域的污染控制和管理措施得当，池塘和湖泊可以成为供水小区良好的水源。经过合理规划，池塘和湖泊可以常年为供水小区提供足够的水量。此外，与地下水相比，其可用水量非常直观，获取方式也比较方便。由于池塘和湖泊水由地表径流补充，地表径流在流动过程中往往携带了各种污染物，因此必须经过处理才能饮用。

小溪和河流是由降雨或寒冷地区冰雪融化产生的地表径流形成的。有些河流来自泉水。小溪和河流的水量和水质是变化的。一些河流在旱季干涸，好几个月没有水，依赖河流生活的人们此时生活将非常困难。另外，河流也会遭受来自垃圾、洗涤、洗浴及动物的污染，如果不加处理则不适合饮用。

（二）地表水源开发方法

1. 灌溉用水的拦蓄及取水方式

（1）农用小型蓄水工程

常见的农用小型蓄水工程按蓄水量从大到小分别有水库、塘坝和水窖。

农业灌溉用水一般多取自小型水库。小型水库一般包括拦水坝、溢洪道、放水涵洞三部分。

塘坝的分布范围广、数量多、投工、投资少，可就地取材，施工技术简单，群众能够自建、自管、自用，一般能当年兴建、当年受益，是丘陵地区灌溉、抗旱、解决人畜用水和发展“水产养殖”的重要水利基础设施。

（2）地表水的灌溉取水方式

蓄水工程仅仅是解决水源的问题，要进行农田灌溉，还需要对水源的水进行提取。灌溉取水方式，随水源类型、水位和水质的状况而定。利用地面径流灌溉，可以有各种不同的取水方式，如无坝引水、有坝引水、抽水取水和水库取水等。

①无坝引水。灌区附近河流水位、流量均能满足灌溉要求时，即可选择适宜的位置作为水口修建进水闸引水自流灌溉，形成无坝引水。无坝引水渠首的位置一般应选在河流的凹岸，使渠首位于凹岸中点偏下游处。因灌区位置及地形条件限制，无法把渠首布置在凹岸而必须放在凸岸时，可以把渠首放在凸岸中点偏上游处，这里泥沙淤积较少。

无坝引水渠首一般由进水闸、冲沙闸和导流堤三部分组成。进水闸控制入渠流量，冲沙闸冲走淤积在进水闸前的泥沙，而导流堤一般修建在中小河流中，平时发挥导流引水和防沙的作用，枯水期可以截断河流，保证引水。渠首工程各部分的位置应相互协调，以有利于防沙取水为原则。

②有坝引水。当河流水源虽较丰富，但水位较低时，可在河道上修建壅水建筑物（坝或闸）抬高水位，自流引水灌溉，形成有坝引水的方式。

有坝引水枢纽主要由拦河坝（闸）、进水闸、冲沙闸及防洪堤等建筑物组成。

③抽水取水。当河流水量比较丰富，但灌区位置较高，修建其他自流引水工程困难或不经济时，可就近采取抽水取水方式。这样，干渠工程量小，但增加了机电设备及管理费用。

④水库取水。河流的流量、水位均不能满足灌溉要求时，必须在河流的适当地点修建水库进行径流调节，以解决来水和用水之间的矛盾，并综合利用河流水源。这是河流水源较常见的一种取水方式。采用水库取水，必须修建大坝、溢洪道和进水闸等建筑物，工程较大，且有相应的库区淹没损失，因此必须认真选择好建库地址。但水库能充分利用河流水资源，这是优于其他取水方式之处。

2. 人畜饮用水的开发方法

（1）开发泉水的方法

修建引泉构筑物取水，一般工程较简单，投资省，常常可利用地势条件，依靠重力作用引水入村，既方便又经济。引泉构筑物的构造形式，应根据当地地形、泉水出露情况和施工技术条件，因地制宜修建，对居住分散的山区，可用修建泉室或房前屋后泉水井等方式。对于居住较集中的村镇，可用管道将泉水引进村镇蓄水池供居民饮用。

引泉构筑物由泉室和输水管道组成，泉室一般采用块石、砖或混凝土修建，高出地面。室壁应不透水，有顶盖保护，并设置通风管。引泉下山的输水管道可以采用塑料管、竹管、陶土管或其他管材。

（2）开发池塘和湖泊水的方法

①浮动式取水口。要从池塘或湖泊取水，第一步要建取水口。

水在重力作用下或者通过水泵从取水口抽到水处理系统内，经处理后，储存在蓄水池内待用。有三种典型的取水口，其中对于塑料管式取水口，其连在一个浮体上并锚固起来，使其停留在离水面0.3～0.5m之间。取水口应放置在一定深度的水体内，以防止浮在水面的任何杂质进入取水口。如果池塘或湖泊水无须处理，那么直接将取水口取到的水输入配水系统；如需处理则应输入给水处理系统，经处理后再输入配水系统。

如果池塘或湖泊上建了水坝，将塑料管连接到带防渗套环的硬质管道上。该硬质管道穿过堤坝到达处理池和蓄水池。如果水的含砂量较高，需经沉淀和过滤处理。对于绝大多数池塘水，先经沉淀，再经过滤处理后就能满足饮用要求。

②固定式取水口。将镀锌钢管连接到带滤网的混凝土箱中，该混凝土箱安放在大坝堤防的底部。由于取水口在底部，水的温度会更低一些，而且取水口附近没有植物，该系统需要较少的维护。

通常，池塘和湖泊水必须进行处理。既可以采用集中处理方式，也可以在每个用户中进行分散处理。另外，水藻和腐烂的植物会产生让用户无法接受的气味，因此应当仔细评估是从池塘还是从河流取水。

③开发小溪和河流水的方法。开发小溪和河流水的方法有三种：渗滤井、水泵直接吸水式取水口和重力流取水口。

渗滤井：在小溪和河岸边挖井或钻井是费用最低和最简单的水源开发方法。渗滤井应离河道比较近，这样既能采集到地下水，又能采集到从小溪或河流渗滤过来的水。一般情况下，这种取水方法可以常年提供水质良好的水。

采用渗滤井法取水，水还可以得到过滤，小溪或河流中的水经过岸边的砂和粉土过滤后，杂质得以除去。净化的效果取决于河流污染的程度以及岸边土壤类型。在很多情况下，该净化过程已经足够，不需进行后续处理。

水泵直接吸水式取水口：首先在河床上建一混凝土井管，然后将取水管连接到混凝土井管中。井管与河岸之间的管道用轻便栈桥支撑。若要使用这种取水方法，必须有稳定的河岸和坚实的河床。由于构筑物必须足够结实以承受流动的水流，所以施工时需要熟练的建筑工人。该种方法的成本比渗滤井高，而且需要更多专家。

重力流取水口：该方法适合具有足够高程的河流，能使水在重力作用下从取水口流至蓄水池。建造一个带有翼墙的混凝土收集箱，将水收集并送入带滤网的取水口内。取水口应布置在河床上并锚固在河岸上。此法通常需要熟练的人员进行施工，这将增加工程的费用。通常情况下，低处的河水以及河口处的河水容易污染，需要经过处理。没有受人类和动物粪便污染的河流以及位于较高海拔且人口稀少地区的河流，可提供无须处理的优质水。

三、地下水源的开发与利用

（一）开发地下水源的方法

地下水是储存在地下含水层的水。在世界的大部分地区都能发现地下水，它是一种可靠的饮用水水源。地下水一般不含致病性细菌，地下水水量也不像地表水那样易受季节变化的影响。

抽取地下水通常需要打井。简单地讲，井是穿过含水层的洞，这样可以将水抽出。

（二）地下水取水构筑物

地下水取水构筑物应建在地下水量大、水质好、接近用水点、不受雨水淹没和污水污染、施工容易、运行管理方便的地方。对于较大的集中取水构筑物，应建在居民点和工业企业的上游。

地下水取水构筑物根据地下水的类型、埋深、含水层厚度和水文地质等条件的不同，其开采方法和取水构筑物的形式也不同。一般分为管井、大口井和渗渠等形式。

地下水取水构筑物的形式和位置，应根据地下水类型、水文地质条件和设计取水量等通过技术经济比较确定。其设计的一般要求如下：

1. 拟开采含水层应根据各含水层的岩性、透水性、水质、补给条件和设计取水量等确定。

2. 构筑物深度应根据拟开采含水层的埋深、岩性、出水能力、枯水季节地下水位埋深及其近年来的下降情况、其他井的影响、施工工艺等因素综合确定。

3. 进水结构应具有良好的过滤性能，进水能力大于设计取水量，结构坚固、抗腐蚀性强且不易堵塞。

4. 应有防止地面污水和非开采含水层水渗入的措施。

5. 大口井、辐射井、渗渠，应有通气措施。

6. 应有测量水位的条件和装置。

7. 位于河道附近的地下水取水构筑物，应有防冲和防淹措施。

管井又称机井，它是垂直安装在地下的取水构筑物，是地下水取水构筑物中应用最广泛的一种形式。管井的一般构造通常由井室、井管、过滤器、沉砂管、人工填砾等部分组成。管井的设计和施工应由专业人员来完成。

大口井一般指由人工或机械开挖的井深较浅、井径较大、用以开采浅层地下水的一种常用井型。大口井的井深一般为10～20m，深者达50～60m，井径一般为3～5m，最大者达10m。大口井的构造主要由井口、井筒和进水部分组成。大口井在设计时应符合以下要求：

1. 井径应根据设计取水量、施工条件和经济比较确定。

2. 井壁材料和厚度，应根据井深、井径、施工工艺、当地材料和经济比较，通过受力计算确定。

3. 进水方式应根据水文地质条件确定，宜采用井底进水或井底、井壁同时进水。

4. 井口应高出地面 500mm，并加盖；井口周围应设不透水的散水坡，宽度宜为 1.5m；在透水土壤中，散水坡下面应填厚度不小于 1.5m 的黏土层。

渗渠是水平铺设在含水层中的集水管或集水渠，用以集取河床地下水或地表渗透水等浅层地下水。对于山区小河（溪）和平原季节性河流，在枯水期河床流量很小甚至断流，但潜流不断的情况下，采用渗渠取水较为合适。渗渠一般是建在河床或河的漫滩，冲积层较厚，不易淤积和变迁的河段。渗渠一般由水平集水管（渠）、检查井、集水井和水泵站组成。渗渠的取水效果较好，取水量大，而且由于渗渠周围设有人工滤层，因此，还有一定的净化效果；其净化效果与水质和人工滤层结构有关，一般可去除 70％以上的悬浮物、70％～90％的细菌和 70％以上的大肠杆菌。我国东北、西北的一些山区及山前区的间歇性河流，其水位、流量、流速及泥沙含量变化大，河床稳定性差，冬季冰凌较严重，不适合采用地面水取水构筑物。但是这些河流的冲积层中藏有较丰富的地下水，因此适合采用渗渠取水。

四、集雨工程

所谓雨水积蓄是指在干旱、半干旱及其他缺水（或季节性缺水）地区，将规划区内及周围的降雨进行汇集、存储，以便作为该地区水源并加以有效利用的一种行为，由此而兴建的系列微型水利工程则称为集雨工程。积蓄雨水的主要目的包括：解决人畜生活用水困难；发展农业灌溉等。

集雨工程一般由集雨系统、输水系统、蓄水系统和用水系统组成。其布局一般有以下几种形式：

1. 以人和家畜、家禽饮用水为目的的庭院集雨工程

庭院形式的集雨工程，集流、蓄水工程和供水设施都在庭院内。集流面利用瓦屋顶和庭院地面。如果屋顶原来是草泥的，则需要进行改造，铺上水泥瓦或机制瓦。当屋顶面积集的水不够用时，可在庭院的一部分面积上铺混凝土，增加集雨量。屋顶收集的水可以通过装在屋檐下的集流槽输送到水窖内，或者输送到一个高位水罐内，利用较高的水位做成有压自来水。蓄水工程在北方一般用水窖，南方也可以用水池。水窖可布置在庭院的一角，位于庭院较低处。

2. 多个蓄水工程共用一个或多个集流面的集雨工程

多个蓄水工程共用一个或多个集流面的方式多见于为灌溉目的而修建的集雨工程，集流面的集流效率较高、集流面面积较大。比较常见的如利用几公里长的一段公路面当做集雨面，供给几十个容积 30～60m^3（或更大）的水窖或水池的蓄水。

3. 一个集流面对一个蓄水工程的集雨工程

当集流面积较小，集流效率也比较低，所集雨水只能供给一个蓄水工程时，宜采用一个集流面对一个蓄水工程的集雨工程。例如，一条农村土路，一个打碾场，一个学校操场等。蓄水工程就布置在集流面的低处。要灌溉的土地也在蓄水工程旁边，不需要输水。由于土质集流面泥沙多，水在进入蓄水工程前，应先进入沉沙池。

4. 田间的集雨工程

有些地方土地集中连片，如果在耕地以外的荒坡上布置集流面集雨，需要长距离向多个水窖输水，不仅造价高，输水中还会产生一定的水量损失。这些地方的农民群众创造了一种称为“四分轮歇”的集流面布置方式。把一块地分成四份，其中一块铺塑料薄膜，用于集雨，另三块则正常种植。第二年再调换另一块地当集流面。这样每年虽有四分之一的土地作为集流面，不能种植，但由于集雨灌溉带来的收益比用四分之一地块作集流面损失的产量要高得多，因

此这样做还是很划得来的。

5. 利用山坡作为集流面的集雨工程

当被灌溉耕地位于山坡附近时，可以在山坡上沿等高线挖截流沟，再把截流沟的水通过汇流沟和输水沟送到蓄水工程内。

6. 建有高位水池的集雨工程

建有高位水池的集雨工程布置方式是把一个或几个水窖或埋藏式地下水池中的水用微型电泵先抽到一个高位水池中，以实行自流灌溉和便于控制水流。

7. 沿沟谷布置的集雨工程

沿沟谷布置的集雨工程多见于南方。南方湿润地区由于降雨充沛，集流面大多采用天然坡面。这些天然坡面一般都有很好的植被覆盖。由于南方地区土壤天然含水量比较高，因此天然坡面的集流效率较高，不像北方地区需要采取防渗措施。蓄水池通常为圆形或方形水池。用于生活供水的要加盖，都修建在房屋附近；用于灌溉的不加盖。有时在水池上搭架，种植藤蔓作物遮阳来减少蒸发量，也可增加收入。另外还有灌溉用水池修建在地头旁的。

8. 塑料大棚和日光温室兼作的集雨工程

利用塑料大棚或日光温室的棚面作为集流面，可以一面两用。在棚面朝阳一侧修建汇流沟，引水入棚内的蓄水工程。安装提水设备后浇灌棚内的蔬菜等经济作物。由于棚面面积有限，因此这种方式还需要另外修建集流工程以满足大棚和温室内作物需水要求。

以上介绍的这些布置方式只是作为修建当地集雨工程时的参考。修建集雨工程应当根据各地的具体情况，因地制宜地采用适合自己的形式。

五、水质评价

水是人类赖以生存的一种自然资源，水资源的多少和质量的好坏，对人类的社会生活和国民经济的发展影响极大。水质可按灌溉水和饮用水分别进行评价。

随着国民经济的快速发展和人民生活水平的提高，水资源供需矛盾日益突出。不少地区开始采用污水灌溉、咸水灌溉等劣质水灌溉方式，取得了一定的效益。但是，灌溉水的含盐浓度过大或某些成分含量过高，将会恶化土壤物理和生物学性状，降低土壤的渗透性，影响植物吸收水分和营养物，对植株体造成损害或有毒害物质在果实中残留，导致产品品质下降。因而，对劣质水如果利用不当，会对土壤和作物产生危害，甚至导致土壤次生盐碱化、作物减产和生态环境恶化。所以，严格按照国家标准，正确评价灌溉用水水质，对于促进农业生产，保障人民身体健康有着至关重要的意义。灌溉水的水质标准应严格符合国家规定，具体可先让相关部门检测后再实施灌溉。

饮水安全是影响人体健康和国计民生的重大问题，保障饮水安全、维护人的健康生命是当前经济社会发展对水利工作的第一需要，而饮用水水质标准是评价饮用水质量优劣程度的尺度。饮用水水质标准是为维持人体正常的生理功能，对饮用水中有害元素的限量、感官性状、细菌学指标以及制水过程中投加的物质含量等所作的规定，其各项指标应符合《生活饮用水卫生标准》。

第二章　农村输水工程

输水工程是从水源取水并将其输送、分配到田间或水处理厂的工程设施。目前采用的输水形式主要包括渠道输水和管道输水两类。灌溉用途的输水可采用渠道和管道输送，而人畜饮水一般多取管道输水，以避免水在输送途中受到污染。

一、灌溉渠道系统

灌溉渠道系统指从水源取水、经过渠道和建筑物向农田供水，并由田间工程进行灌溉的工程系统。按输水方式的不同可分为渠道灌溉系统和管道灌溉系统两大类。

灌溉渠道系统由渠首工程（取水枢纽）、输配水工程（渠道）和田间工程三大部分组成。在现代灌区建设中，灌溉渠道系统和排水沟道系统是并存的，两者互相配合，协调运行，共同构成完整的灌区水利工程系统，如图2—1所示。

灌溉渠系由各级灌溉渠道和退（泄）水渠道组成。按控制面积大小和水量分配层次可把灌溉渠道分为干渠、支渠、斗渠、农渠和毛渠，见图2—1。30万亩以上或地形复杂的大型灌区，必要时可增设总干渠、分干渠、分支渠和分斗渠；灌溉面积较小的灌区可减少渠道级数。毛渠一般为季节性的临时渠道。

（一）灌溉渠道系统的规划布置

1. 灌溉渠系规划布置原则

灌溉渠道系统布置应符合灌区总体设计和灌溉标准要求，并应遵循以下原则：

（1）沿高地布置，力求自流控制较大的灌溉面积。对面积很小

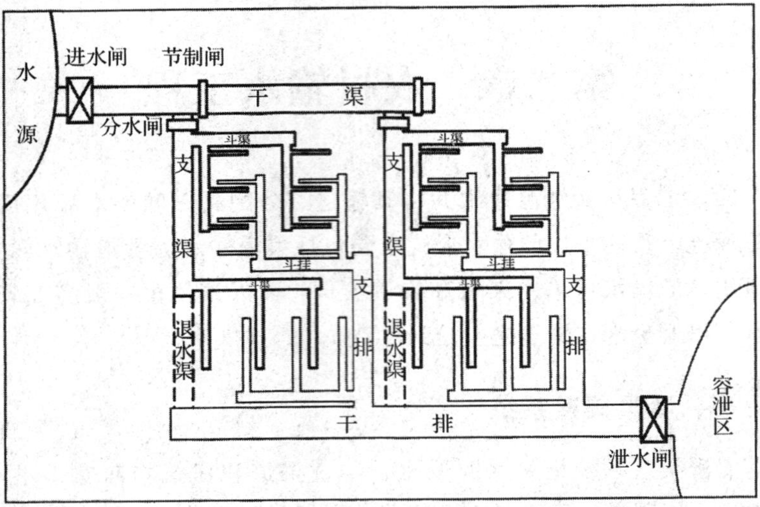

图 2—1 灌溉系统组成示意图

的局部高地宜采用提水灌溉的方式。

(2) 灌排结合，统一规划。在多数地区，必须有灌有排，以便有效地调节农田水分状况。

(3) 要安全可靠，尽量避免深挖方、高填方和难工险段，以求渠床稳固、施工方便、输水安全。

(4) 力求经济合理，尽量做到渠线短、交叉建筑物少、土石方量少、拆迁民房少。

(5) 便于管理，灌溉渠道的位置应参照行政区划确定，尽可能使各用水单位都有独立的用水渠道。

(6) 要考虑综合利用，尽可能满足其他用水部门的要求。

(7) 积极开源节流，充分利用水土资源。有条件的灌区应建立长藤结瓜灌溉系统，以发挥塘库的调蓄作用，扩大灌溉水源。

2. 渠道规划

主要涉及渠首的引水取水方式，已在第一章中讲述。

3. 输水配水渠系布置

（1）干、支渠的规划布置

由于各地自然条件不同，国民经济发展对灌区开发的要求不同，灌区渠系布置的形式也各不相同。按照地形条件，一般可分为山丘区灌区、平原区灌区、圩垸区灌区等。

山丘区灌区：山丘灌溉渠道布置的关键是布置干渠。干渠的布置形式有两种：干渠沿等高线布置和干渠垂直于等高线布置。支渠垂直于干渠，其间距由地形条件决定。斗渠间距一般为 400～800m；农渠间距一般为 100～200m。

平原区灌区：干渠多沿等高线布置，处于较高位置；支渠大体和等高线垂直。

圩垸区灌区：地势低洼，在最高洪水位和最低洪水位之间，排水是主要问题，一般中间低，四周高。干、支渠布置：干渠多沿圩堤布置，灌溉系统级别较少。

（2）斗、农渠的规划布置

斗渠引水口位于该斗渠控制灌溉面积的较高位置，渠线可沿分水岭垂直等高线布置。农渠则在斗渠两侧双向布置。对于一面坡地形，斗渠应沿等高线布置，此时农渠布置在斗渠一侧，垂直等高线布置。斗渠长度 3～5km，控制面积 3000～5000 亩；农渠布置要满足机耕要求，平原地区长度 500～1000m，间距 200～400m，有地下水控制地区，农渠间距取决于农沟间距。

（二）灌溉渠道设计

1. 设计流量

（1）定义

设计年份灌水期间渠道需要通过的最大流量，一般用 Q 表示，单位为 m^3/s。或正常条件下渠道需要通过的最大流量，因此设计流量也叫正常流量。

（2）作用

a. 是确定渠道设计断面的主要依据。

b. 是确定建筑物规模尺寸的主要依据。

（3）计算

一般已知渠道的净流量，求设计流量（毛流量）。

净流量一般是已知的，因此计算设计流量的关键是计算 Q_l，即输水损失流量。

$$Q_d = Q_g = Q_n + Q_l \quad \text{式（2—1）}$$

$$Q_n = q_d A \quad \text{式（2—2）}$$

式中：Q_d——设计流量，$m^3 \cdot s^{-1}$；

Q_g——毛流量，$m^3 \cdot s^{-1}$；

Q_n——净流量，$m^3 \cdot s^{-1}$；

Q_l——输水损失流量，$m^3 \cdot s^{-1}$；

q_d——作物灌水模数，$m^3 \cdot hm^{-2}$；

A——作物灌水面积，hm^2。

2. 最小流量

（1）定义

在灌溉设计标准条件下，渠道在工作过程中输送的最小流量。

（2）作用

可校核下一级渠道水位控制条件和确定修建节制闸的位置等。

（3）计算

用修正灌水模数图上最小灌水模数值和灌溉面积计算。

$$Q_{\min} = q_{\min} A \quad \text{式（2—3）}$$

也可采用下式计算：

$$Q_{\min} = (40\% \sim 50\%)\, Q_d \quad \text{式（2—4）}$$

3. 加大流量

（1）定义

考虑在灌溉工程运行过程中可能出现一些难以准确估计的附加流量，把设计流量适当放大后所得到的安全流量，即是渠道运行过程中可能出现的最大流量。

（2）作用

加大流量是设计堤顶高程的依据。

（3）计算

$$Q_{加大}=JQ_d \qquad 式（2-5）$$

式中：J ——加大系数，取值范围为1.10～1.35。

Q_d 大，J 取值小，Q_d 小，J 取值大。

4. 渠道纵、横断面设计

渠道纵断面和横断面的设计是互相联系、互为条件的。在设计实践中，不能把它们截然分开，而要通盘考虑、交替进行、反复调整，最后确定合理的设计方案。合理的渠道纵、横断面除了满足渠道的输水、配水要求外，还应满足渠床稳定条件，包括纵向稳定和平面稳定两个方面。纵向稳定要求渠道在设计条件下工作时，不发生冲刷和淤积，或在一定时期内冲淤平衡。平面稳定要求渠道在设计条件下工作时，渠道水流不发生左右摇摆。

（1）横断面设计

该设计主要是确定渠道边坡、底宽、水深等。由于渠道过水断面和渠道沿线地面的相对位置不同，渠道断面有挖方断面、填方断面和半挖半填断面三种形式，其结构各不相同。渠道断面按形状可分为：矩形断面、梯形断面和U形断面。混凝土及砖石砌筑的断面多为U形断面或矩形断面，一般土质渠道多为梯形断面。如图2－2所示。

渠道横断面设计一般采用假设底宽和设计水深，逐步试算的方

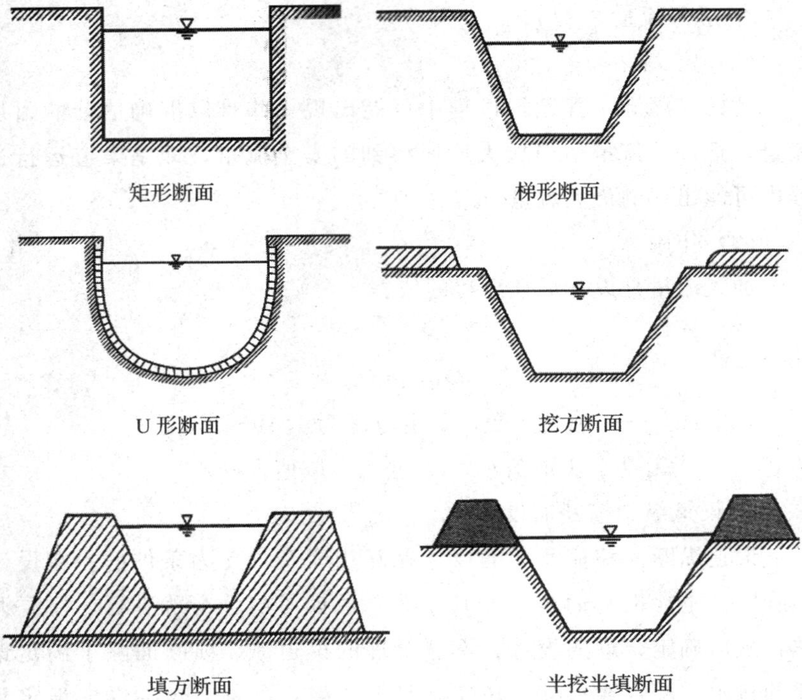

图 2—2　渠道断面示意图

法进行，可按公式（2—6）计算。

$$Q=AC\sqrt{Ri} \qquad \text{式（2—6）}$$

式中：Q ——渠道流量；

A ——过水断面面积；

C ——谢才系数；

R ——水力半径；

i ——水力比降。

（2）纵断面设计

灌溉渠道不仅要满足输送设计流量的要求，还要满足水位控制的要求。横断面设计通过水力计算确定了能通过设计流量的断面尺寸，满足了前一个要求。纵断面设计的任务是在已定线的渠线纵断面图上，推求设计水位线、渠底线和渠顶线，标出建筑物类型，计算土方工程量等。

灌溉渠道的水位推算：为了满足自流灌溉的要求，各级渠道入口处都应具有足够的水位。这个水位是根据灌溉面积上控制点的高程加上各种水头损失，自下而上逐级推算出来的。水位公式如下：

$$H_{进}=A_0+\Delta h+\sum Li+\sum \psi \qquad 式（2-7）$$

式中：$H_{进}$——渠道进水口处的设计水位，m。

A_0——渠道灌溉范围内控制点的地面高程（m）。控制点是指较难灌到水的地面，在地形均匀变化的地区，控制点选择的原则是：如沿渠地面坡度大于渠道比降，渠道进水口附近的地面最难控制；反之，渠尾地面最难控制。

Δh——控制点地面与附近末级固定渠道设计水位的高差，一般取0.1～0.2m。

L——渠道长度，m。

i——渠道比降。

ψ——水流通过渠系建筑物的水头损失（m），可参考表2－1数值选用。

表2—1　渠系建筑物水头损失

建筑物	进水闸	节制闸	公路桥	渡槽（或隧洞）	
				局部水头损失	沿程水头损失
水头损失/m	0.1～0.2	0.05～0.1	0.05～0.1	0.1～0.2	按其长度和底坡确定

渠道渠底高程、渠顶高程及渠道建筑物的确定：在已知渠首水位控制高程后，各分水点处渠底高程由渠道横断面设计中所确定的

设计水深求出；渠顶高程线可根据渠道的超高求出：

渠底高程＝渠道水位高程－设计水深

渠顶高程 ＝ 渠道水位高程 ＋超高

在遇有地面突然变化时，或遇到其他障碍时，需要设计相应的建筑物，应在这些地方的位置上确定建筑物类型。

（三）渠系建筑物简介

渠系建筑物指与渠道或排水沟配套的水闸、涵洞、桥梁、渡槽、倒虹吸、跌水、陡坡等建筑物。

1. 引水建筑物

a. 渠首进水闸门；

b. 有坝引水：拦水坝、进水闸、冲沙闸等；

c. 提水灌区之泵站；

d. 水库。

2. 配水建筑物

主要包括节制闸和分水闸。

（1）分水闸：控制向下级渠道配水流量，包括支渠分水闸和斗门、农门。

（2）节制闸：抬高上游水位或阻止水流下行。

3. 交叉建筑物

渠道与河流、道路交叉时应布置交叉建筑物。交叉建筑物主要有四种：渡槽、倒虹吸、涵洞和桥梁。

（1）渡槽：渠道穿过沟道、道路时，若渠道底部高于沟道洪水位和满足交通要求时采用，若不满足，可利用倒虹吸。

（2）倒虹吸：利用压力沟道代替渠道从沟或路下穿过。适用条件：渠道水位高于路面或沟、河水位，但渠道底部低于路面或沟、河洪水位时；渠底高于路面，但是净空无法满足交通要求时。

（3）涵洞：渠道与道路交叉，渠道水位低于路面，且流量较小时采用。

（4）桥梁：渠道与道路相交，渠道水位低于路面，流量较大时采用。

上述交叉建筑物可以根据具体地形结合使用。

4. 衔接建筑物

渠道经过陡坎或坡面时需建跌水或陡坡。水位落差小于3m时，宜建跌水。水位落差大于3m时，宜建陡坡，这时建跌水不安全。

5. 泄水建筑物

泄水建筑物的作用主要是防止下游渠道发生事故导致水位升高、排除进入渠道其他水量和冲洗泥沙（多泥沙河流引水闸后），称冲沙闸。

（1）退水闸

布置在较大的干支渠末端，以排泄渠中余水（防止滋生杂草和蚊虫）。

（2）泄水闸

与节制闸联合修建，保护重要建筑物和险工渠段。

6. 量水建筑物

（1）利用闸、涵、渡槽等量水，在干支渠上一般利用这些渠系建筑物量水。

（2）利用特设量水设备量水。如三角堰、梯形堰、量水仪表、喷嘴等。一般斗、农渠上可采用特设量水设备。量水堰是灌区计划用水和按方收费的基础。

二、管道输水系统

（一）管道输水系统的类型

管道输水系统按输水压力可分为：高压输水和低压输水。对于灌溉用途的喷灌、滴灌和微灌要求高压输水（300～1200kPa），其他用途可用低压输水（小于 200kPa）。

1. 高压输水管道系统

其要求管道能承受较高的压力，这样对管材强度的要求较高，常用的有钢管、铸铁管、铝管、塑料管、预应力钢筋混凝土管和石棉水泥管等，要注意吸取过去采用玻璃管、素混凝土管、石管及一些不能承受高压的管道的经验教训。高压输水管由于对承压要求高，造价就必然要高一些，如用于低压输水是不经济的。因此没有明确要在短期内改建为喷、微灌的低压管道输水系统中不要选用可以承受高压的管道，以免积压资金。

2. 低压输水管道系统

采用低压管道输水，可以大大减少输水过程中的渗漏和蒸发损失，使输水效率达 95%以上，对于井灌区，由于减少了水的输送损失，使从井中抽取的水量大大减少，因而可减少能耗 25%以上。另外，以管代渠，可以减少输水渠道占地，使土地利用率提高 2%～3%，且具有管理方便、输水速度快、省工省时、便于机耕和养护等许多优点。因此，对于地下水资源严重超采的北方地区，井灌区应大力推行低压管道输水技术，特别是新建井灌区，要力争实现输水管道化。由于低压管道输水灌溉技术的一次性投资较低（与喷灌和微灌相比），要求设备简单，管理方便，农民易于掌握，故特别适合我国农村当前的经济状况和土地经营管理模式，深受广大农民的欢迎。

（二）低压管道系统的组成

1. 水源与取水工程部分

水源由机井提取，也可以用河、湖、库等清水作为水源。取水工程部分主要是水泵、动力机械及其配套设备，井灌区取水工程最重要的是井位的合理确定。

2. 输配水管网系统

输配水管网系统是管灌系统输水设施的组成部分，由直管、异型管、接头及附属设施连接而成。根据需要管网可由主管、干管、支管多级或单级管道组成。按管网形状可分为树状网和环状网，树状网只有分流而无汇流，水流从“树干”流向“树枝”。环状网是管道连接成闭合的环状，水流可作正逆方向的流动；按固定的方式可分为移动式、半固定式和固定式，目前井灌区的低压管网系统一般都以此区分。主要由以下几部分组成：

（1）首部取水枢纽：主要包括水泵、动力机及其配套设备。

（2）输配水管网：一般采用固定地埋管方式。目前应用较多的管材有混凝土管、石棉水泥管、PE 管及 PVC 管。

（3）田间灌水系统：一是采用田间固定或移动的管网，采用退水管法浇地；二是采用田间明渠输水沟灌水，在田间进行畦灌、沟灌等地面灌水方法。

（4）分水给水装置：在各级管道之间设置分水井、配水闸门等；在竖管出口处设置田间配水的出水口。

3. 管网中的附属设施

如分水装置、保护装置、量测装置和泄水装置，起着分水、调压与保护管道安全的作用。即在特殊部位设置排气和调压阀等安全保水装置、水表及防冻和冲淤用的冲砂闸和泄水口等。

4. 田间工程

田间工程是指给水栓（田间的出水口）以下的部分，包括与田间配套的节水工程，如：地面闸管系统、小畦灌溉、涌流灌溉、管灌和田间的膜上灌相结合灌溉系统、利用管道余压的喷灌系统等节水灌溉设施。

（三）输水管道适用的管材

1. 种类

（1）钢管

钢管是历史悠久、应用广泛的一类传统管材，钢管的优点很多，其强度、可靠性和适应性都相当高，但明显的缺点是耐腐蚀能力差、使用寿命不长，一般来说钢管的使用期限不超过 25 年，想要延长使用寿命就必须做防腐等特殊处理，但会大幅提高钢管的造价。

（2）球墨铸铁管

球墨铸铁管是 20 世纪 90 年代开始广泛使用的一种管材，在强度、韧性、延伸率和防腐性上都有较高能力，特别是球墨铸铁管在添加配套的内衬水泥，及在外壁喷涂锌和沥青后，防腐能力更强、使用寿命更长、防水效果更好，是非常理想的输水管材。

（3）预应力混凝土管

预应力混凝土管是一种工艺简单、价格低廉的管材，它分为一段成型和三段成型两种，但无论是哪一种都存在着较为严重的弊病，质量存在严重的不稳定性，而且因为混凝土的重量较大，在运输和安装上都多有不便。

（4）预应力钢筒混凝土管

预应力钢筒混凝土管是使用钢材和混凝土共同制作的一种复合型管材，其管芯为混凝土，外壁为钢材，通过在混凝土管芯上缠绕预应力较高的钢丝来提高管材本身的使用效果。预应力钢筒混凝土管的抗渗能力较好、接口尺寸准确、防水效果好，在价格上也有一定优势。

（5）玻璃钢管

玻璃钢管是树脂、玻璃纤维和石英砂三种材料共同制作的复合型管材，具有良好的耐腐蚀能力，玻璃钢管的重量较轻、强度较高，特别是内壁的光滑性好，在输水方面具有更大优势，特别是长途输水的应用有较好前景。

（6）聚乙烯塑料管

聚乙烯塑料管是常用的一种传统输水管材，耐腐蚀能力好、重量轻，在运输、安装和使用方面有明显优势。

(7) 超高分子量聚乙烯管

超高分子量聚乙烯管是新型材料在管道上的应用，除了聚乙烯管本身具有的能力之外，超高分子量聚乙烯管还具备了抗冲击能力高、耐磨性好的优点，因此在使用寿命和产品的稳定性上都有上佳表现。连接采用电热融焊接工艺，有效防止结点渗漏和开裂。

2. 选择方法

在经济条件较好的地区，固定管道可选择价格相对较高但施工、安装方便及运行可靠的硬 PVC 管；移动管道可选择涂塑软管。在经济条件较差的地区，可选择价格低廉的管材，如固定管可选素混凝土管、水泥砂土管等地方管材；移动管道可选择塑料薄膜软管。

在水泥、砂石料可就地取材的地方，选择就地生产的素混凝土管较经济。在缺乏或远离砂石料的地方，选择塑料管则可能是经济的。另外，选择管材还要考虑应用条件及施工环境的特殊要求。在管道有可能出现较大不均匀沉陷的地方，不宜选择刚性连接的素混凝土管，可选择柔性较好的塑料硬管；在丘陵和砾石较多的山前平原，管沟开挖回填较难控制，可选择外刚度较高的双壁波纹 PVC 管，不宜选择薄壁 PVC 管；在跨沟、过路的地方，可选择钢管、铸铁管；在矿渣、炉渣堆积的工矿区附近，可利用矿渣、炉渣就地生产水泥预制管，这样，既发展了节水灌溉，又有利于环境保护；对将来可能发展喷灌的地区，应选择承压能力较高的管材，便于发展喷灌时利用；对于山区果园灌溉，将来可能发展微灌的地方，可部分选择 PE 管材。

总之，管材选择要遵循经济实用、因地制宜、就地取材、减少运输、方便施工的原则。同时还应考虑生产厂家的生产能力和信誉，以避免不必要的纠纷。

(四) 管网系统的规划与布置

管网规划与布置是管道系统规划中的关键部分，一般管网工程投资占管道总投资的70%以上。管网布置合理与否，对工程投资、运行状况和管理维护有很大影响。因此，对管网规划布置方案应进行反复比较，最终确定合理方案，以减小工程投资并保证系统运行可靠。

1. 规划布置的原则

（1）井灌区的管网宜以单井控制灌溉面积作为一个完整系统。渠灌区应根据作物布局、地形条件和地块形状等分布布置，尽量将压力接近的地块划分在同一分区。

（2）规划时首先确定给水栓的位置。给水栓的位置应当考虑到灌水的均匀性。若不采用连接软管灌溉，向一侧灌溉时，给水栓纵向间距可在40～50m之间；横向间距一般按80～100m布置。在山丘区梯田中，应考虑在每个台地中设置给水栓以便于灌溉管理。

（3）在已确定给水栓位置的前提下，力求管道总长度最短。

（4）管线尽量平顺，减少起伏和折点。

（5）最末一级固定管道的走向应与作物种植方向一致，移动软管或田间垄沟应垂直于作物种植行。在山丘区，应尽量使干管平行于等高线、支管垂直于等高线布置。

（6）管网布置要尽量平行于沟、渠、路、林带，沿田间生产路和地边布置，以利耕作和管理。

（7）充分利用已有的水利工程，如倒虹吸和涵管等。

（8）充分考虑管路中量水、控制和保护等装置的适宜位置。

（9）尽量利用地形落差实施重力输水。

（10）各级管道应尽可能采用双向供水。

（11）避免干扰输油、输气管道及电信线路等。

2. 规划布置的步骤

根据管网布置原则，按以下步骤进行管网规划布置：

（1）根据地形条件分析确定管网类型。

（2）确定给水栓的适宜位置。

（3）按管道总长度最短原则，确定管网中各级管道的走向与长度。

（4）在纵断面图上标注各级管道桩号、高程、给水装置、保护设施、连接管件及附属建筑物的位置。

（5）对各级管道、管件和给水装置等进行列表分类统计。

第三章 农田灌溉与排水

一、地面灌溉

地面灌溉是采用沟、畦等地面设施，对作物进行灌水的方式。地面灌溉的主体是各种地面灌水方法，地面灌水方法是使灌溉水通过田间渠沟或管道输入田间，水流在田面上呈连续薄水层或细小水流沿田面流动，主要借重力作用和土壤毛细管作用力向下渗透并湿润土壤的灌水方法。

按田间工程的差异和水流在田间流动的特征，分为畦灌、沟灌、漫灌和淹灌，是最古老的灌水方法。由于具有操作简便、运行费用低、维护保养方便、节省能源等优点，至今仍被广泛使用。它的缺点是：对土地平整度要求较高；采用渠系输水时，沟渠占地面积较大；用水量多，蒸发损失大；劳动生产率较低。

地面灌溉是世界上最主要的灌溉方式。目前全世界地面灌溉面积占灌溉总面积的90%左右，我国占98%以上。可以说：在今后相当长的时期内，地面灌溉仍将是我国农业灌溉的主要方式。

（一）畦灌

畦灌是用临时修筑的土埂将灌溉土地分隔成一系列的长方形田块，即灌水畦，又称畦田。灌水时，灌溉水从输水垄沟或直接从田间毛渠引入畦田后，在畦田田面上形成很薄的水层，沿畦长坡度方向均匀流动，在流动的过程中主要借重力作用，以垂直下渗的方式逐渐湿润土壤。

畦灌有顺坡畦灌和横坡畦灌两种。地面坡度较小（小于1/100），畦田长边方向沿最陡地面坡度方向，即垂直于等高线布置的，称顺坡畦灌。地面坡度较大，畦长方向与等高线斜交或平行布置的，称横坡畦灌。因水流条件较差，横畦畦田一般较短。

畦灌较大水漫灌具有渗漏少、灌水均匀一致、可促进作物苗齐苗壮、增产等优点，与沟灌相比，畦田灌溉因田面全部受水，故易使表层土壤板结。畦灌适宜于小麦、谷子和花生等窄行距、密植作物，在蔬菜、牧草和苗圃的灌溉中也常采用。畦灌示意图如图 3－1 所示。

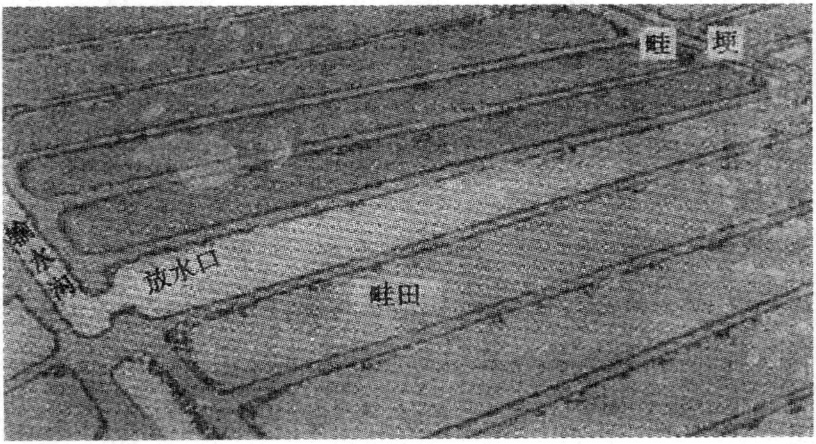

图 3－1　畦灌示意图

1. 畦田布置

畦田布置应主要依据地形条件，并结合考虑耕作方向，应保证畦田沿长边方向有一定的坡度。一般适宜的田面坡度为 0.001～0.003，最大可达 0.02，但畦田坡度过大，容易冲刷土壤，引发水土流失。

2. 畦田规格

畦田规格受水源供水情况、土壤质地、地形坡度和土地平整度等状况的影响。

畦田规格主要指畦田的长度、畦田的宽度和畦埂断面。

（1）畦田长度

畦田长度取决于地面坡度、土壤透水性、入畦流量及土地平整程度。当土壤透水性强、地面坡度小、土地平整差、入畦流量小（如井水）时，畦田长度宜短些；反之，畦田宜长些。畦田愈长，则灌水定额愈大，土地平整工作量愈大，灌水质量愈难以掌握。应根据畦田纵坡、土壤质地及土壤透水性能、土地平整情况和农业技术条件等合理确定。我国大部分渠灌区畦田长度在30～100m。在井灌区，由于水量所限，畦长一般较短，通常为20～30m。畦长与土壤质地及地面坡度的关系可参见表3－1。

表3－1　不同土壤质地及地面坡度的畦长（m）

土壤	坡度＜0.002	0.002～0.005	0.005～0.01	0.01～0.02
轻沙壤土	20～30	50～60	60～70	70～80
沙壤土	30～40	60～70	70～80	80～90
黏壤土	40～50	70～80	80～90	90～100
黏土	50～60	70～80	80～90	100～110

（2）畦田宽度

畦田宽度主要取决于畦田的横向坡度、土壤性质和农业技术要求，以及农业机具的宽度。在土壤透水性好、地面坡度小、土地平整差时，畦田宽度宜小，反之宜大些。通常畦愈宽，灌水定额愈大，灌水质量愈难掌握。畦宽应按照当地农机具宽度的整数倍确定，畦田宽度一般为2～3m，最大不超过4m。

（3）畦埂断面

畦埂断面一般为三角形或梯形，畦埂高0.2～0.25m，底宽0.4m左右，以不跑水为宜，多泥沙引用洪水灌溉的地区应适当加大。畦埂做到不跑水是畦灌管理中很重要的一项工作。畦埂是临时性的，应与整地、播种相结合，最好采用筑埂器修筑。

3. 畦灌法灌水技术

畦灌法灌水技术要素主要指畦长、畦宽、每米畦宽引用的入畦流量，即单宽流量和放水入畦时间等。影响这些要素的因素主要有：土壤渗透系数、田面纵向坡度、畦田粗糙率与平整程度，以及作物的种植情况等。

(1) 渗入到畦田内土壤中的水量达到计划灌水定额时，畦田内各处所需要的入渗时间，可依据土壤的累计入渗公式（3—1）计算。

$$H_t = K_0 t_n^{1-\alpha} \qquad 式（3—1）$$

式中：H_t 为 t 时间渗入土壤中的水量（cm）；K_0 为第一个单位时间内的平均入渗速度（cm/h）；t_n 为畦田内各处入渗水量达到计划灌水定额所需要的下渗时间（h）；α 为土壤入渗指数。

(2) 进入畦田的总灌水量应与全畦长达到灌水定额所需要的水量相等，即：

$$3.6Qt = mbl \qquad 式（3—2）$$

则式（3—2）可改写为：

$$3.6qt = ml \qquad 式（3—3）$$

式中：Q 为畦首控制的入畦流量（L/s）；q 为入畦单宽流量 [L/（s·m)]；b 为畦宽（m）；l 为畦长（m）；m 为灌水定额（m）；t 为畦首处畦口的供水时间（h）。畦灌技术要素可参见表 3—2。

表 3—2　陕西省关中、陕北一般大田作物畦田灌水技术要素

灌区	土壤	地面坡度	单宽流量 q/ $L \cdot s^{-1} \cdot m^{-1}$	畦长 l/m
泾惠、宝鸡峡灌区	壤土及沙壤土	1/1000～1/2000	2～5	50～100
陕北灌区	沙土及沙壤土	3/1000～7/1000	2.5～5	15～25
小型抽水及井灌区	沙壤土	5/1000	2～3	7～15

（二）沟灌

沟灌是在作物种植行间开挖灌水沟，灌溉水由输水沟或毛渠进入灌水沟后，在流动的过程中主要借土壤毛细管作用从沟底和沟壁向周围渗透而湿润土壤的。因此，沟灌法与畦灌法相比较，更具有明显的优点。沟灌的主要优点是灌水后不会破坏作物根部附近的土壤结构，可以保持根部土壤疏松，通气良好；不会形成严重的田面土壤板结，能减少深层渗漏；在多雨季节，还可以利用灌水沟汇集地面雨水，并起排水沟的作用；沟灌能减少作物植株之间的土壤蒸发损失，有利于土壤保墒；开挖灌水沟时还可对作物兼起培土作用，对防止作物倒伏效果显著。但是，沟灌法需要开挖灌水沟，劳动强度较大。

沟灌法适用于灌溉宽行距的中耕作物，如棉花、玉米、薯类和蔬菜等作物。适宜于沟灌的地面坡度一般在0.005～0.02之间。

沟灌示意图如图3－2所示。

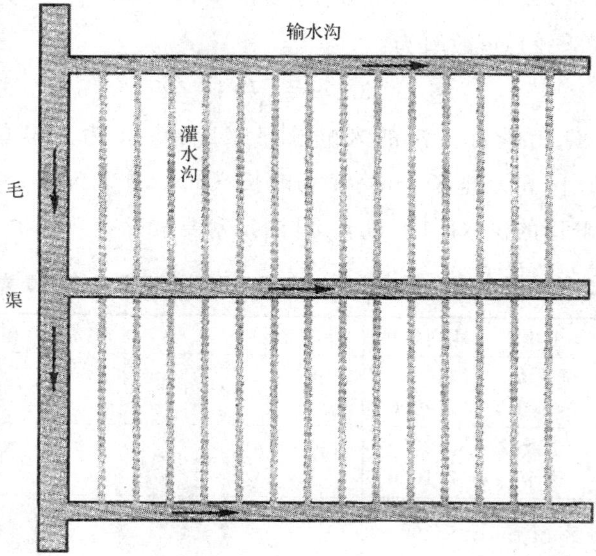

图3－2 沟灌示意图

1. 灌水沟的规格

灌水沟的间距从图 3－3 中可知，沿灌水沟断面不仅有下渗湿润土壤，同时也有横向入渗浸润。灌水沟中纵、横两个方向的浸润范围主要取决于土壤的透水性能与灌水沟中的水深，且与灌水沟中水流的时间长短有关。不同土质下的灌水沟间距可参见表 3－3。

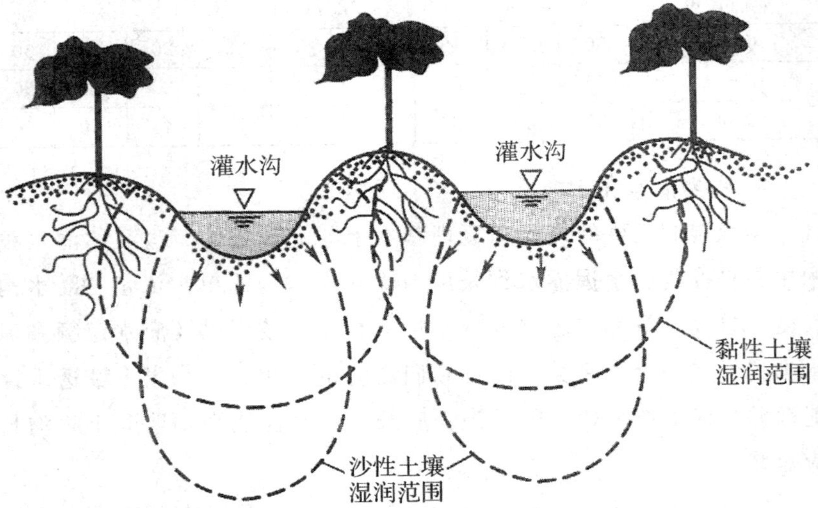

图 3－3　灌水沟间距示意图

表 3－3　不同土质条件下的灌水沟间距

土质	轻质土壤	中质土壤	重质土壤
间距/cm	50～60	65～75	75～80

2. 灌水沟的长度

灌水沟的长度与土壤的透水性和地面坡度有直接关系。地面坡度较大，土壤透水性能较弱时，灌水沟长度可以适当长一些；而在地面坡度较小，土壤透水性较强时，要适当缩短沟长。根据灌溉试验结果和生产实践经验，一般砂壤土上的沟长约 30～50m，黏性土壤上的沟长在50～100m左右，参见表3－4。

表3－4 不同土壤、灌水定额和地面坡度等条件下的灌水沟长度

土壤	黏壤土			中壤土			轻壤土		
灌水定额/$m^3 \cdot (hm^2)^{-1}$	375	450	525	375	450	525	375	450	525
地面坡度	沟长/m								
0.001	30	35	45	20	25	35	20	25	30
0.001～0.003	35	40	60	30	40	55	30	45	50
0.004	50	65	80	45	60	70	45	50	60

3. 沟灌灌水技术

沟灌湿润土壤的过程和原理基本上与畦灌相同。沟灌的灌水技术主要是控制和掌握灌水沟长度与输入灌水沟的单沟流量。灌水沟长度与单沟流量都与土壤的透水性能、地形坡度以及灌水定额和灌水沟的形状等因素有关，而且它们之间也互相制约。当土壤透水性能较差，地形坡度较大时，沟长应长；透水性能强，坡度小时沟长应短些。

细流沟灌的灌水沟规格与一般沟灌相同，只是在每个灌水沟口设置一个控制水流的小管，引入0.1～0.3L/s的小流量，沟内水深应不超过沟深的一半，每条输水沟一次可开20～40条灌水沟。

（三）漫灌

农民们在浇灌自己的田地时，往往不注意节约用水，而是采用传统的方法，灌溉土地时，把整个田块都放满水，这种用大量的水浇灌田地，使水漫满整个田地的灌溉方式叫做“漫灌”或“大水漫灌”。如果田间土地不平整，高高低低，要使地块都漫上水，所用水量就要更大。

利用此种方式灌溉土地，对水资源是一种极大的浪费，大量的水不能被庄稼全部吸收，有的时候还会因为水分多而影响了作物的生长。农民们为了庄稼有充足的营养，会向田地里施用化肥，田里的水太多，同样会导致这些肥料随水流失到其他地方，庄稼不能得到足够多的养分。对于农民们来说，用水量大也使农业生产的成本提高。

（四）淹灌

淹灌，又称格田灌溉，是先使土壤水分饱和，然后在地表形成水层的灌水方法。这种方法需在灌溉地布置格田，格田四周围埂，放水入格田后形成水层，从而实施灌溉。为使淹灌水层深浅一致，要求格田田面平整。淹灌主要适用于水稻等水生作物及盐碱地冲洗改良。

格田布置有两种，一种为串灌格田，一种为单灌格田。所谓串灌是指格田与格田互相连通，若干个连通格田的灌溉用水均来自毛渠的同一个进水口，而其排水也只能共用一个毛渠排放水口。单灌是指每个格田都有独立的毛渠进水口和独立的毛渠排放水口。因串灌不利于格田独立调控水层，又易引起肥料流失，应尽量避免。

二、节水灌溉

所谓节水灌溉是以最低限度的用水量获得最大的产量或收益，也就是最大限度地提高单位灌溉水量的农作物产量和产值的灌溉措施。进入21世纪，水已成为全世界最紧缺的自然资源，我国是一个农业大国，农业用水存在着巨大的浪费，每年灌溉用水量约3800亿 m^3，有效利用率仅有40％～50％，中国水资源不多，实行节水灌溉是农村经济发展的必经之路。主要措施有：改进地面灌溉技术，采取喷灌、微灌，加强渠道防渗等。

（一）地面灌溉节水技术

我国是世界上农田灌溉历史最悠久的国家之一。数千年来，我国劳动人民积累了极其丰富的地面灌溉经验，对于促进和发展我国农牧业生产，起到了重要的作用。目前地面灌溉占我国总灌溉面积的98%。

地面灌溉是利用地面灌水沟、畦或格田进行灌水的方法。灌溉水引入农田后，在重力和毛细管作用下渗入土壤，从而达到灌溉的目的。地面灌溉具有田间工程设施简单、能源消耗低、容易实施等显著特点。地面灌溉节水技术包括平整土地、对传统的地面灌溉技术进行节水改造等。

1. 平整土地

土地平整是保证地面灌溉灌水质量的基本条件，国内外普遍采用的土地平整技术主要有人工平地、常规机械平地和激光控制平地等。

（1）人工和常规机械平地

人工平地是我国最常用的平整土地的方法，具有技术简单、便于掌握、经济实用等特点，尤其对小块、局部的土地平整，应用非常广泛。随着农业机械化的发展，应用机械平整土地，已越来越广泛。常用的设备是推土机。整地时，根据水准仪测量结果，操作人员通过目测人工控制铲运设备的升降，完成土地平整工作。这种方法常常用于较大面积的土地平整，整地效率高、速度快。精度可达±6cm。

（2）激光控制平地

激光控制平地在国外已广泛应用，但目前在我国，激光控制平地技术正处于试验与推广阶段。激光控制平地设备一般由四个基本部分构成：激光发射装置、激光接收装置、控制器、平地铲运设备和拖拉机。激光控制平地技术是利用激光作为平地的控制手段，代替常规机械平地方法中操作人员目测控制平地机具的升降，具有自动化程度高、操作简便等优点，能够显著提高土地平整的精度，是目前世界上最先进的平地技术，适用于对地面进行精细平整，整地精度可以控制在±1.5cm。

2. 节水型畦灌、沟灌和淹灌

传统的地面灌溉技术主要分为畦灌、沟灌和淹灌三种形式。为了节约灌溉用水需要进行改进，形成节水型的畦灌、沟灌和淹灌技术。

（1）畦灌

畦灌是农民最基本、最常用的灌水方法之一。灌水时，水由畦田上端的灌水垄沟或田间配水设施送到每个畦田内，沿田块表面以很薄的水层向前推进，在流动过程中主要借重力作用逐渐渗入土壤。畦灌节水技术就是依据土壤质地和田面坡度合理调整畦长、畦宽和入畦单宽流量等三项指标进行灌水的。畦灌适用于小麦、谷子等密植作物，在我国北方地区应用广泛。

近年来，在我国北方地区的节水型畦灌技术主要有小畦灌溉、长畦短灌、水平畦灌（小块灌）、间歇灌溉等。其中，小畦灌溉和长畦短灌、水平畦灌，技术简便，容易操作，成本低廉，节水效益明显，已经被广泛地推广应用。

小畦灌溉技术：小畦灌溉技术是在我国传统畦灌的基础上发展起来的。不同灌区运用小畦灌溉技术的标准是不同的。在自流灌区运用小畦灌溉技术的时候，畦田宽度应该控制在2～3m，畦田长度不要超过75m。在机井和高扬程提水灌区的畦田宽度应该控制在1～2m，畦田长度控制在30～50m。

长畦短灌技术：长畦短灌又称长畦分段灌水技术，是将长畦划分成一个一个的小段，采用地面纵向输水沟或软管分别对这些小段进行灌溉。采用长畦短灌技术的畦田，畦宽应控制在5～10m之间，固定畦长可以控制在200m以上，一般在100～400m之间。

采用软管输水时，通常由远及近，当一个分段畦灌灌水结束后，可采用软管“脱袖法”脱掉一节软管，自下而上逐个分段向短畦内灌水，直至全部畦块灌水结束为止。

采用输水沟输水时，第一次灌水，应由长畦尾端开始自下而上分段向各个短畦内灌水。等到以后几次再灌水时，就可以由长畦首端开始自上而下向各分段短畦内灌水。这主要是为了节水，因第一次灌水时土壤比较虚，若从上而下灌水，上段畦田过水的时间长，渗入土体的水必然多，若由远而近，只有输水沟的过水时间长，但其是一条线，渗水比较少。而经过第一次的灌溉，渠道土壤比较密实，改口比较从容，由上而下的灌水问题自然就不大了。

在畦灌的过程中，为了省水，常常当第一个畦水流到八成时，先挖开第二个畦的进水口，后封住第一个畦的进水口，这样畦中的水就可以比较均匀地将第一畦灌完了，不会造成畦尾积水的现象发生。用相同的方法，挖开第三个畦的进水口，封第二个畦的进水口，如此往返，直到灌水结束。这叫做“二八改口”。

小畦灌和长畦短灌，可以实现小定额灌水，节水效果显著，并且灌水均匀，浇地质量好，防止深层渗漏，提高田间水的有效利用，减少土壤冲刷和土壤养分的流失。适合我国现阶段农业生产现状和组织形式，是我国北方地区普遍采用的一项实用技术。

水平畦灌技术：水平畦灌是将田块整理成方形（或长方形），以较大的流量入畦，使水流迅速灌满全部田面的一种灌水技术。该技术要求田面比较平整，田面各个方向无坡度，在我国现阶段的水平畦田一般多为0.3亩左右。水平畦灌的优点是，节省投资、节水，便于管理，便于农机作业。如果与激光控制平地技术结合进行高精度的土地平整，还可以增大灌溉田块的面积，是一种很有发展前景的灌水技术。

间歇灌溉技术：间歇灌溉是通过间歇向田块供水，逐段湿润土壤，直到水流推进到灌水末端为止的一种节水型地面灌溉新技术。间歇灌溉的设备，由波涌阀、控制器、田间输配水管道等组成。间歇灌溉的技术水平和管理要求较高、一次性的设备投资较大，目前在我国正处于试验示范阶段。

与传统的地面灌水不同，采用间歇灌溉技术向田面供水时，不是一次灌水就推进到末端，而是灌溉水在第一次供水输入田面，达一定距离后，暂停供水，当田面水自然落干后，再继续供水，如此分几次间歇反复地向田面供水直至供水到田面末端。这样既降低了灌溉过程中灌溉水的渗漏损失，又提高了地面灌水的质量。

（2）沟灌

沟灌是在作物行间开挖灌水沟，水从输水垄沟或田间配水设施进入灌水沟后，在流动的过程中主要借毛细管作用，通过湿润周边，即沿垂直和水平方向同时渗入土壤。沟灌明显的优点是灌水速度快，不会破坏作物根部附近的土壤结构，保持垄背土壤疏松，不导致田面板结，同时由于湿润面积较小，能减少土壤蒸发损失。

沟灌适宜在水源短缺、地面蒸发量大的干旱半干旱地区及透水性强的沙性土壤上应用，适宜的作物主要有玉米、棉花、瓜、甜菜和葡萄等。

节水型沟灌有短沟灌、细流沟灌、隔沟灌等形式。短沟灌的沟长要求自流灌区一般不超过 100m，提水灌区和井灌区一般不超过 50m。细流沟灌的灌水沟规格与一般的沟灌相同，只是用小管控制入沟流量，一般流量不大于 0.3 L/s，水深不超过沟深的一半，具有灌水均匀，节水保肥，不破坏土壤团粒结构的优点。隔沟灌是头一次灌水时，相邻的沟不同时灌水，而是间隔一条沟通水，下一次灌水时再间隔灌上一次没有灌水的沟，可以减少灌溉水的深层渗漏和棵间蒸发损失，因此节水，目前已推广应用的分根交替灌也属于隔沟灌的一种形式。

在沟灌时，为了不决口跑水，往往当第一沟水流到七成时，就将第二个灌水沟的进水口挖开，将第一个封闭，如此往返，直至灌完。这叫做“三七改口”。

(3) 淹灌

淹灌主要用于水稻灌溉。常规的水稻淹灌，一般要求在生育期内格田保持一定的水层，用水量较大，是我国传统的水稻灌水方法。节水型淹灌，格田的长度宜采取60～120m，宽度宜取20～40m；山区和丘陵区可根据地形、土地平整及耕作条件等适当调整。格田与格田之间不允许串灌。节水型淹灌的灌水方法，近年来，经过试验研究和实践，总结出了水稻控制灌溉等多种节水灌溉技术和灌水模式。

以显著提高地面灌溉系统的灌溉质量为目标，以实施精确控制为手段，利用现代高新技术对传统地面灌溉方法进行改造，建立和完善适合国情的精细地面灌溉技术体系，是我国节水灌溉技术发展的一个重要方面。

(二) 喷灌

喷灌是利用管道将有压水送到灌溉地段，并通过喷头分散成细小水滴，均匀地喷洒到田间，对作物进行灌溉。它作为一种先进的机械化、半机械化灌水方式，在很多发达国家已被广泛采用。

喷灌的主要优点如下：(1) 节水效果显著，水的利用率可达80%。一般情况下，喷灌与地面灌溉相比，$1m^3$ 水可以当 $2m^3$ 水用。(2) 作物增产幅度大，一般可达20%～40%。其原因是取消了农渠、毛渠、田间灌水沟及畦埂，增加了15%～20%的播种面积；灌水均匀，土壤不板结，有利于抢季节、保全苗；改善了田间小气候和农业生态环境。(3) 大大减少了田间渠系建设及管理维护和平整土地等的工作量。(4) 减少了农民用于灌水的费用和投劳，增加了农民收入。(5) 有利于加快实现农业机械化、产业化、现代化。(6) 避免由于过量灌溉造成的土壤次生盐碱化。

常用的喷灌有管道式、平移式、中心支轴式、卷盘式和轻小型机组式。

移动管道式喷灌通常将输水干管固定埋设在地下，田间支管和喷头可拆装搬移、周转使用，因而降低了投资。移动式管道喷灌除了具有一般喷灌省水、增产、省工、减轻农民负担和有利于农业机械化、产业化、现代化等优点以外，还具有设备简单、操作简便、投资低、对田块大小和形状适应性强、一户或多户均可使用等优点，是目前较适合我国国情、可以大力推广的一种微型喷灌形式，可适用于大田作物、蔬菜等，亩投资为200～250元。

固定管道式喷灌是将管道、喷头安装在田间固定不动，其灌溉效率高，管理简便，适用于蔬菜、果树以及经济作物灌溉。但是投资较高（亩投资一般在1000元左右），不利于机械化耕作。

中心支轴式与平移式大型喷灌机，只能在预定范围内行走，行走区域内不能有高大障碍物，土地要求较平整。其机械化和自动化程度高，适用于大型农场或规模经营程度较高的农田。使用国产设备，每亩投资为300～400元。

卷盘式喷灌机，靠管内动水压力驱动行走作业，与中心支轴式及平移式的大型喷灌机相比，具有机动灵活、适应大小田块、亩设备投资低等优点。目前进口设备每亩投资为50元左右，设备国产化后可进一步降低投资，这是一种适合我国国情、有发展前景的喷灌形式，可适用于大田作物、蔬菜等。卷盘式喷灌机有喷枪式和折架式两种，后者具有雾化好、耗能低的优点。轻小型机组式喷灌，可以手抬或装在手推车或拖拉机上，具有机动灵活、适应性强、价格较低等优点，通常用于较小地块的抗旱喷灌，每亩投资为100～200元。

1. 喷灌系统的组成

喷灌系统由水源工程（包括水源、水泵和动力机等）、输配水管道系统、喷头及附属设备、附属建筑物等组成。图3—4为喷灌系统示意图。

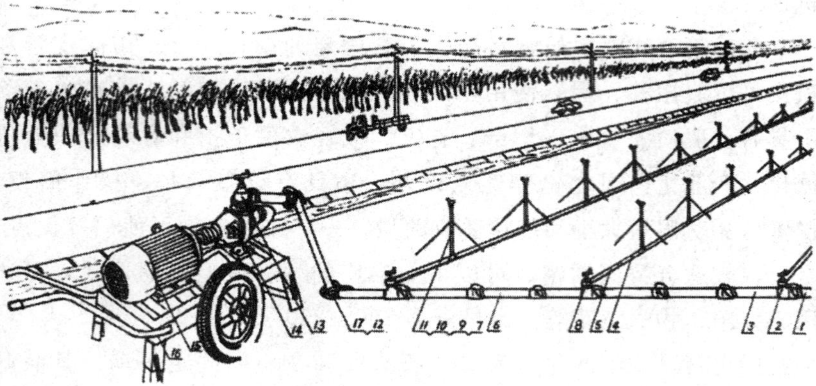

1. 堵头　2. 罗口阀体　3. 主三通管　4. 支三通管
5. 支直管　6. 主直管　7. 插座　8. 截阀开关　9. 钢竖管
10. 支架　11. 喷头　12. 球形接头　13. 主截阀开关　14. 水泵
15. 电机　16. 车架　17. 主输水管

图 3—4　喷灌系统示意图

（1）水源：河流、渠道、塘库、泉井、湖泊都可以作为喷灌水源，但必须在灌溉季节能按照喷灌的需要，按时、按质、按量供水。

（2）水泵及动力机：要能满足喷灌所需要的压力和流量要求，水泵可选用一般的农用水泵或专用喷灌泵，动力机可采用柴油机、拖拉机、汽油机和电动机，以电动机和柴油机为主。在山丘区，当水源有足够的自然水头，能满足喷灌压力需要时，可不用水泵或动力机，直接采用自压喷灌，则能大幅度节省工程投资和能源费用，这是山丘区优选的喷灌工程形式。

（3）管道系统：其作用是把经过水泵加压的或自压的灌溉水输送到田间，因此管道系统要求能承受一定的压力和一定的流量，一般分为干管和支管两级。

（4）喷头：是喷灌的专用设备，也是喷灌系统最重要的部件，其作用是把管道中的有压集中水流分散成细小的水滴均匀地散布在田间。

2. 喷头的选择及其组合形式

(1) 喷头选择

目前，喷灌中应用的喷头种类繁多，按工作压力及射程将喷头分类，如表3－5所示。喷头采用的材质有铜、铝合金和工程塑料三种类型，我国已定型生产PY1、PY2、中喷－1、中喷－2四种系列的金属摇臂式喷头。

表3－5　喷头按工作压力和射程分类

类型	工作压力/kPa	射程/m	流量/$m^3 \cdot h^{-1}$	特点及应用范围
微压喷头	50～100	1～2	0.008～0.3	能量省，雾化好，适用于花卉和园林灌溉
低压喷头	100～200	2～15.5	0.3～2.5	喷洒范围小，耗能少，均匀度较高，适用于菜地、苗圃
中压喷头	200～500	15.5～42	2.5～32	均匀度高，雨滴和喷洒强度适中，适用于各种经济作物、果园
高压喷头	＞500	＞42	＞32	控制面积大，能耗大，雨滴大，适用于大田作物和牧草

(2) 喷头组合形式

喷头的组合形式包括支管的布置及方向、喷头的组合方式及喷头沿支管的间距和支管间距等。喷头组合形式及间距是喷灌设计的主要内容之一，是实现喷灌设计要求的关键环节。

支管的布置方向：支管通常与作物的种植方向一致，但连栋式的日光温室中，支管通常与大棚的长度方向一致，对于棚间地块采用喷灌时，应考虑地块的尺寸。

喷头组合方式：喷头在地面上的组合方式通常有正方形、矩形、正三角形和等腰三角形四种形式。其中正三角形组合方式单喷头控制的湿润面积最大。设计时应根据地块的形状、地块的尺寸等选择合适的组合方式，以保证系统的综合造价最低。

喷头组合间距：喷头的组合间距直接与喷头的射程有关。通常确定喷头组合间距的方法是先选定喷头，根据喷头的各项水力参数确定组合间距，然后检验组合后的各项技术指标是否达到设计要求，试算后确定合理的组合间距。设计时也可参考表3—6和表3—7。

表3—6 喷头组合间距表

喷洒方式	组合方式	喷头间距 S_e	支管间距 S_t	有效控制面积 A
全圆	正方形	$1.42R_{设}$	$1.42R_{设}$	$2R_{设}^2$
	正三角形	$1.73R_{设}$	$1.3R_{设}$	$2.6R_{设}^2$
扇形	矩形	$R_{设}$	$1.73R_{设}$	$1.73R_{设}^2$
	等腰三角形	$R_{设}$	$1.865R_{设}$	$1.965R_{设}^2$

注：表中 $R_{设}$ 为喷头的设计射程。

表3—7 PY1型喷头最大间距射程比

风速 v/m·s^{-1}	喷头不等间距布置		喷头等间距布置
	垂直风向	平行风向	风向不定
0.3～0.6	1.0	1.3	1.1～1.0
1.6～3.4	1.0～0.8	1.3～1.1	1.0～0.9
3.4～5.4	0.8～0.6	1.1～1.0	0.9～0.7

3. 喷灌装置的总扬程

通常用式（3—2）计算，即

$$H_{总}=H_{喷头}+H_{净}+H_{损} \qquad 式（3—2）$$

式中：$H_{总}$——喷灌系统总扬程，m；

$H_{喷头}$——喷头工作压力，m；

$H_{净}$——水泵的净扬程，m；

$H_{损}$——系统总水头损失，m。

4. 喷灌工程管材及其选择

管道是喷灌工程的关键设备之一，因为它用量大、投资高，技术要求严格。据统计，不包括水源投资时，管道投资的比重固定式为68%～87%、半固定式为41%～72%。管材选择合适与否，将直接影响到工程运行情况，因此，在喷灌系统的规划设计中，必须对管材、管径的选择、管件的配套以及管道上的控制与保护装置的设置，给予高度的重视。各种常用管材特性对比见表3－8所示。

表3－8 喷灌管材特点

管材	承压力/kPa	优点	缺点
铸铁管	450～1000	使用寿命长，工作可靠	性脆，壁厚，易生锈，接头多，不易安装
钢管	1500～6000	管壁较薄，省材，可承受较大的静荷载和动荷载	使用寿命短，易腐蚀，施工难度大
石棉水泥管	750	耐腐蚀，重量轻，制造加工简便，寿命长	质脆，抗冲击能力差，不耐碰撞
塑料管	200～1600	重量轻，便于搬运和安装，耐腐蚀，内壁光滑	易老化，易变形
锦纶塑料软管	500	重量轻，耐腐蚀，能适应地形变化，表面光滑	耐磨性差，易破损，使用寿命短
自应力混凝土管	600	可节省大量钢材，不易腐蚀，使用寿命长	质脆，自重大，搬运不易，造价较高
预应力钢筋混凝土管	1000		

5. 半固定管道式喷灌的建设与管理

(1) 规划设计

喷灌作为一项先进灌水技术有许多沟灌、畦灌等地面灌溉方法所没有的特殊技术要求，为了达到既省水又增产，工程建设既经济又使用管理方便的目标，必须由有设计资质的单位进行正规的规划设计。喷灌规划要与当地水利规划、节水灌溉规划、农业发展规划等总体规划协调一致，并统筹考虑渠道、道路、林带、输电线路、乡村居民点等各方面的发展要求。进行规划前，要收集包括水资源、降水、蒸发、风力、地形、土壤、农作物、水利工程现状以及农民收入、资金筹集能力等自然、社会、经济状况资料。要对采用喷灌方法的技术可行性和经济合理性进行分析，多方案比较，研究工程是否可行。喷灌虽然省水，但投资大，对供水水源的保证程度要求更高，因此在规划时，要对水源的水量、水位、水质及它们的变化情况进行仔细分析。确定采用喷灌方法后，还要根据地形、农业经营管理体制、水源条件等因素，选择合适的喷灌形式。

设计的要点：按照便于使用管理，保证喷洒质量，减少管道设备用量，降低造价的原则，合理布置管道。支管应尽量与耕作方向平行；选择喷头喷洒方式，是全园喷洒还是扇形喷洒，确定喷头或喷洒点的间距及组合形式；计算并确定喷灌工作制度，如喷头在喷洒点上的喷洒时间，每次同时喷洒的喷头个数，支管与喷头的轮灌方案等；选择管材，确定管道口径；选配水泵、配套动力；编制工程预算；提出施工方案及对运行管理的技术要求等。

（2）施工

半固定管道式的干管工作压力比地埋低压输水管道要高，所用管道必须是能承受较高压力的铸铁管、钢管、塑料管、钢筋混凝土管等。施工安装要求更严，除喷灌用金属管道、水泥制品管道、地面移动管道和竖管、喷头的安装外，其他部分的施工安装步骤和技术要点与低压管道输水相似。

铸铁管通常采用承插连接，安装前应清除承口内部及插口外部的沥青、飞边毛刺及铸砂等其他杂质；用小锤轻轻敲打管子，检查有无裂缝，如有裂缝，应予更换；检查承口和插口尺寸是否符合要求。安装时应在插口上做出插入深度的标记。安装后，承插口用膨胀水泥、石棉水泥或油麻等填塞。采用膨胀水泥和石棉水泥时，填塞深度应为接口深度的1/2～2/3，填塞时要分层捣实、压平，并及时养护。采用油麻时，应拧成辫状填入塞紧，麻段搭接长度为10～15cm。

水泥制品管主要有自应力钢筋混凝土管、预应力钢筋混凝土管以及钢丝网水泥管等，这些管材均采用承插式连接。安装时应先将承插口刷净，套在插口上的胶圈不得扭曲、偏斜，插口应均匀进入承口，保证对口间隙在 10～17mm 的范围内；水泥制品管配套的金属管件应进行防锈、防腐处理。

地面移动管道包括薄壁镀锌钢管、薄壁铝合金管和涂塑软管。铺设应从其进水口开始逐级进行。安管时应检查一下管内的密封胶圈是否安好，圈要平卧在槽内；插管时不要用力过猛，要缓慢插入。涂塑软管要放平放直，不要拐死弯，并清除掉管端及管口内的泥土及杂质。

喷头安装前应核对喷头的型号、规格，检查喷头各转动部分是否灵活，弹簧是否锈蚀，竖管外螺纹是否有碰伤现象。支管与竖管、竖管与喷头的连接应密封可靠。竖管安装应铅直、稳定。

(3) 运行操作

运行必须按操作规程进行，机手要熟悉操作顺序。开机前应先检查一遍所有设备；开机后从水泵后的闸阀开始自上而下逐级缓慢打开阀门，开度由小到大，排除管内空气；工作支管喷洒完毕，在停止喷洒前应先将下一轮要喷洒工作的备用支管铺设安装好，打开阀门，然后再关闭已喷洒作业完毕的支管阀门，等到水渗下去，地表半湿半干，人可以进地作业时，再拆开搬到另一个作业位置，做备用管道；停止灌溉时自下而上缓慢关闭各支管阀门，避免同时突然关闭所有闸阀或喷头造成管道破坏。喷头运行中要进行巡回监视，如果出现进口连接部位和密封部位严重漏水，喷头不转或转速过快、过慢，转向失灵，喷嘴堵塞或脱落，支架歪斜或倾倒等现象，要及时处理。

地面移动支管的移位应按轮灌次序进行，移动前应放掉管内积水，拆成单根。拆移金属管道时要水平移动，严禁竖着移动，防止碰到输电线发生触电事故。涂塑软管怕磨、扎，移动时要卷起，不要在地上拖拉。喷头要轻拿轻放，不要重摔。

支管的轮灌方式主要有两种：一种是两根支管同时喷洒时，应把两根支管分开，由地块两端向中间交叉前进作业或由地块中间向两端交叉前进；如果是三根支管同时喷洒，每根支管应按分担1/3面积移动作业，这样做的好处是减小干管管径，降低设备造价。

喷洒过程中，如果受风的影响，喷洒湿润面积搭接不上，喷灌均匀度不好或出现漏喷时，应适当缩短支管间距或喷头间距。但是风力大于3级时最好不要进行喷灌。

（4）维护

地面移动管道冬季不用时，入库前要将管道及管件清洗干净，拆下接头上的橡胶圈洗净、擦干，涂上滑石粉，放到干燥通风处。管道及管件要按不同材质、规格分开码堆存放，堆与堆之间要留有通道。码堆时，地面要平整，管层之间要有方垫木。管道的堆放高度，金属管道不要超过1.5m，硬质塑料管道不要超过1m，管道上面不要放重东西。管道和管件不能和含碱性的物质如石灰、化肥、煤等放在一起。

喷头入库前要认真检查，及时更换损坏零部件。所有部件，都要清洗干净，钢铁件应涂油防锈，按不同的规格、型号码放，不得堆压。

6. 轻小型移动喷灌机的使用与维护

喷灌机在田间作业时，为了获得最好的灌水效果和便于操作管理，必须事先合理布置机组的运行路线、工作位置、安排轮灌顺序等，因此除农民自己把它用作分散的临时抗旱工具外，使用轻小型喷灌机有一定规模的喷灌区都应由水利科技技术人员按规范要求进行正规设计。

轻小型移动式喷灌机必须靠近水源。水源的水量应能满足抽水要求，尽量不含泥沙等杂物。从渠道取水，如果渠道内水深不能满足要求时，应设置工作池；工作池中的水深在 50cm 左右就可以。

机组、管道及喷头布设：喷灌机工作时，如果是不带管道的机组，喷头就在水泵旁边，喷灌机沿田间渠道移动，田间渠道要顺耕作方向布置，选用扇形喷头顺风向喷洒，使机行道不被淋湿，并防止喷出的水洒到喷灌机的动力机上。如果是喷头与水泵之间通过管道相连，一般将机组放在渠（管）旁路边，带喷头的移动管道与渠道呈垂直方向铺设到田间，喷头由脚架支撑，由远至近沿管道方向移动喷洒。

为了保证喷洒均匀，喷洒作业点之间的距离可以按如下原则确定：一级风以下，当喷洒作业点移动方向与风向垂直时，按喷头射程的 1 倍布置；喷洒作业点移动方向与风向平行时，按喷头射程的 1.3 倍布置。一级风到二级风时，适当缩小喷洒作业点之间的距离；二级风到三级风时，喷洒作业点之间的距离分别取喷头射程的 0.6～0.8 倍和 1.0～1.1 倍。

喷洒时间的掌握：农民使用轻小型移动式喷灌机时，常常不知道喷头在每个喷洒位置上喷多长时间合适，与“浇足、浇透”的地面灌溉比，总觉得“不解渴”。这里介绍一种简易判断方法：在喷洒湿润圆或扇形面的圆心（喷头位置）与外侧边缘之间处用铁锹挖 20～30cm 深的土层，用手抓起土壤紧握，如果是沙性土、壤土、黏土等土壤都能在手上留下湿印；壤土和黏土外表看上去颜色深暗，分别能搓成约 2.5cm 和 5cm 长的泥条，这时说明土壤含水量已基本达到要求，即可停止喷灌。

安全事项：喷灌机运行前，要对整机进行检查，看是否部件齐全、连接牢固、启动自如、移动灵便。采用皮带传动的喷灌机必须有安全罩。注意不要让小孩到动力机跟前玩耍，要防止喷头把水射到裸露的电线上。

机器设备的维护管理：要严格按说明书要求检修维护，每次喷水作业完，应对喷灌机各个部件进行日常保养，擦洗干净。每年灌溉季节结束，对喷灌机进行全面检修，把喷头、水泵、动力机擦洗干净，易生锈的地方涂上油，然后存入库房。存放时应放稳，喷灌机之间留有空间，轮胎和机架应离地，拆掉传送皮带，放松弹簧。

（三）微灌

微灌的灌水量和湿润土壤范围都很小。通过安装在直径 10mm 左右的塑料细管上的滴头、孔口等灌水器，将有压力的水变成基本无压，让水或肥料溶液一滴一滴地、均匀而又缓慢地滴入作物根区土壤，这种方法叫滴灌。微喷灌介于喷灌和滴灌之间，有压灌溉水通过安装在塑料细管上很小的微喷头，把水喷成水雾或很细的水柱，湿润作物叶面或作物根区土壤。

由于微灌仅湿润作物根系集中区很小范围的土壤，按照作物的实际消耗水量，恰到好处地按时定量补水，使作物根系集中区的土壤含水量始终保持在最适合作物生长的范围内，既不产生水的深层渗漏，又很少有地表水分无效蒸发。另外，对作物根系少的株间土壤不予补水，使它们保持干燥，起到了抑制杂草生长的作用。微灌还可以结合施肥，把作物所需各种养分、微量元素溶于水中，随水灌到根系区，减少肥料养分的流失。所以，虽然直观地看上去，微灌的灌水量很小，地面上看不到多少水，更无积水，但是灌水次数多，持续的时间长，作物根系集中区域的土壤经常保持湿润，不存在土壤“浇不透”、作物受旱缺水的问题。有些农民认为微喷、滴灌“不解渴”、“浇不透”，是一种误解。滴灌、微喷是最省水、最科学、最有效的先进灌水方法，要接受这种新技术，必须从观念上变“浇地”为“浇作物”，变“浇透”为“缺多少，补多少”，恰到好处。

1. 微灌系统的组成

微灌工程通常由水源、首部枢纽、输配水管网和灌水器四部分组成。其中首部枢纽和灌水器是其他灌水方法所没有的，我们把水泵、动力机、控制阀、过滤设备、施肥施药装置、压力及流量量测仪表等组装在一起称首部枢纽。它的作用是从水源抽水加压并进行过滤处理，溶解掺入肥料，然后送入输配水管网，可以把它比作人的“心脏”。微灌的灌水器有滴头、滴灌带或微喷头等多种形式。这是微灌灌水设备的关键部件。靠它们直接向作物补水，灌水量够不够，作物之间受水是否均匀，很大程度上取决于灌水器的性能、质量和布设的合理程度。灌水器大多用塑料制成，使用的数量很多。

微灌系统最常用的布设方法是所有管道、灌水器等在灌溉季节都固定在一个位置不动，使用维护、检修都比较方便，缺点是有时对其他农活有影响。有些地方为了降低单位面积微灌设备的投资，把干支管等埋入地下固定不动，少布设一些田间毛管，让毛管在不同灌水作业位置之间移动，轮流使用。这样做虽然造价低了，但操作使用比较麻烦，毛管、灌水器容易损坏。

微灌是一种非常精细的灌水方法。毛管、过滤器、灌水器等加工制造技术要求十分精密，为了把水直接送到作物根部，造成毛管和灌水器使用数量较多，对密植条播作物，几乎一行作物就布设一条毛管，地里到处都是一条条的毛管，带来设备投资较高的后果。高投入必须要有高产出来支撑，否则是推广不了的。从经济的角度看，微灌一般只适用于经济价值较高的作物，如葡萄、苹果等果园以及苗圃花卉、瓜果蔬菜等。微灌是温室大棚等设施农业的配套灌水技术，许多地方的农民已在大棚蔬菜栽培中采用滴灌。

与传统的地面灌溉方法相比，微灌的主要优点：一是省水，由于全部由管道输水，只湿润作物根系集中区局部土壤，减少了地面蒸发损失，不会产生土壤深层渗漏，一般比地面灌溉省水一半以上。二是省工，对地形起伏、土壤、土质适应性强，沙性土壤甚至沙漠地也可以进行灌溉，省去了修渠、整地、打畦筑埂的劳力，灌水作业基本实现自动化或半自动化。三是省地、省肥，干支管道埋于地下，省去了渠道占地；将肥料溶解到水中，灌水时一起施入作物根系活动层附近的土壤，减少了肥料流失，提高了肥效。四是增产，微灌能为农作物提供最佳的土壤水、肥、气、热条件，能较好地解决地面灌溉温室大棚空气湿度过大，作物病害多的问题，能改善田间小气候，这些都有利于促使作物增产，增产幅度一般在 1/3 以上，高的可以成倍增产。

由于微喷头、滴头出水孔眼细小，系统工作压力低，出流缓慢，带来了微灌容易堵塞的缺点，如果设计、设备选用、使用管理不当，很容易因为堵塞造成整个工程设施失效、报废。为了防止滴头、微喷头堵塞，对水质要求很高，必须经过多级沉淀过滤，并要加强设施的维护，严格操作规程。因此，微灌对操作管理技术要求很高。另外，微灌系统造价高，在一定程度上影响了它的推广应用。

2. 设备的选用

兴建微灌工程，需用的设备很多，如滴头或微喷头、塑料管材及管件、过滤设备、施肥施药设备、各类阀门、量测仪表、水泵电机等。这里，只介绍微喷头、滴头或滴灌（管）带、过滤器和施肥施药设备的有关常识。

(1) 微喷头。微喷头的出水量远远小于喷灌所用的普通喷头，喷水量不超过每小时 250kg。微喷头有固定式、旋转式（全圆、扇形）等多种形式，花样繁多，适用于果园、苗圃、花卉、蔬菜、草坪绿地等各种场合。选用微喷头时要考虑不同作物的要求和土壤的渗水、保水性能等。第一，喷水量不能太大、太集中，如果超过土壤的渗水性，就会在地表积水，产生径流；第二，要适合作物种类和生长阶段的特点，如花卉、蔬菜等作物幼苗十分娇嫩，要求喷洒水雾，喷水量小一些，而成年果树要求就不十分严格；第三，喷水要均匀；第四，抗堵塞性能要好，价格便宜，清洗、更换方便。选择微喷头时，要详细了解它的名称、型号、工作压力、流量、射程、雾化程度、扇形角度等。

（2）滴头、滴灌（管）带。滴头有多种形式，如孔口式、压力补偿式等。有的是安装在两段毛管之前，使之成为主管的一部分，有的直接插在毛管壁上，有的粘贴在毛管内壁上，外表看不见，只能看见一个细小的孔眼。当毛管较长或地面起伏较大时，为保证毛管从头到尾各处滴水基本均匀，应优先考虑选用压力补偿式滴头，它可以借助水流压力使滴头内的弹性膜片变化，滴头过水流道断面面积随之跟着改变，从而使滴头出流量自动保持稳定，提高灌水均匀程度。对果树可选用不同型号的滴头作为灌水器，以适应其从小到大不同生长阶段对水的不同需求。选择滴头时，应了解它的名称、型号、工作水头、流量、制造偏差、安装方式等，要挑选出水均匀、抗堵塞性能好、结构简单、坚固耐用、使用方便、价格便宜的滴头。不同的滴头适用于不同的作物、土壤等条件，具体规格、性能要求必须经过设计计算后确定。

有一种叫双壁管的滴灌带，它上面的滴水孔直径和间距在工厂生产时已加工定好。它的流量用单位长度（每 m 或 100m）滴灌带的总出水量来表示，要根据不同作物的不同需水要求，选择合适出水量的滴灌带。

（3）过滤器。滴头的水流通道尺寸很小，只有零点几毫米，微喷头的出水流道孔径略大一些，也不超过 2mm。若水不经过严格过滤处理，杂质很容易堵塞滴头或微喷头，少部分灌水器堵塞，对作物产量影响不大，如果大量灌水器堵塞，就会使整个系统报废。所以，净化过滤设备对微灌系统的正常运行至关重要，是延长微灌工程使用寿命和保证作物均衡增产的关键。常用的过滤器有离心式过滤器、网式过滤器、沙过滤器等不同类型。它们的结构不同，过滤的功能与效果也不同，应当针对不同水质情况，并考虑到所选用的灌水器规格和抗堵塞性能，组合起来使用。

离心式过滤器靠水流高速旋转的离心力，使水中粒径大于0.075mm以上的泥沙颗粒和污物分离清除出来，可以连续过滤灌溉水，但在水泵启动和停机时过滤效果下降，会有较多的砂粒进入系统。另外，水头损失也较大。沙过滤器是在塑料或不锈钢罐中放入多层不同粒径的沙或砾石，水流中的细粒污物经过这些沙层后被拦截附着在沙粒上，然后通过定期反冲洗把它们排出，它不仅能过滤无机的细粒泥土，还可以过滤水中藻类和水生物等有机生物，但是管理维护较复杂，投资较高。离心式过滤器和沙过滤器通常作初步过滤用。

滤网过滤器靠孔眼细小的尼龙网或不锈钢钢丝网来过滤，要根据不同的水质和灌水器出水孔径大小选用不同的滤网，一般要求滤网的孔径大小为所使用的灌水器出水孔径的1/10～1/7，主要用于过滤灌溉水中的粉粒、砂和水垢等污物，也可过滤含有少量有机物的灌溉水，但当有机物含量较多时过滤效果较差。还有一种叫叠片式的过滤器，是由带小沟槽的塑料圆片叠加在一起组成，结构紧凑，工作时水流通过叠片，泥沙被拦截在叠片沟槽中，清水通过叠片的沟槽进入管网。滤网过滤器和叠片式过滤器都是用于过滤比较细微的杂质。

为了减轻过滤器的负担，应在它们的前边用拦污栅、沉淀池等工程措施对水质进行初步净化。拦污栅用于拦截水源中的枯枝残叶、杂草、藻类和其他较大的漂浮物，沉淀池用于沉淀水中的沙粒和淤泥。

（4）施肥施药设备。常用的有压差式施肥罐、开敞式肥料罐、文丘里施肥器。

压差式施肥罐优点是加工制造简单，造价低，不需外加动力设备；缺点是溶液浓度变化大，难以控制，添加化肥次数频繁、麻烦。开敞式肥料罐用于自压微灌系统中，使用很方便。文丘里施肥器特点是结构简单，使用方便；缺点是稳定性差，影响施肥的均匀性。

3. 施工安装

由于微灌技术相对比较复杂，要求较高，一般来说，要由专业技术人员按规范要求操作或在他们指导下，由非专业人员施工。

（1）施工准备。施工前应做好充分准备，全面了解和熟悉施工现场，逐项检查设计文件中所提出的各种器材部件、管材、管件、灌水器等规格、数量、质量是否符合要求。

（2）旁通、毛管与灌水器安装。旁通是微灌管道系统上的专用分水连接件，安装时先用手摇钻或专用打孔器在支管上打孔，孔的位置应按设计要求事先标定在支管上，钻头直径应小于旁通管外径1mm，钻孔要直，避免钻到管道另一侧。一般是边打孔边安装，以避免钻孔变形及混入杂物。

套在旁通上的毛管管端要剪平，不得有裂纹，清除杂物后，再套接，气温低时要对管端预热。

滴头安装在毛管上，如果是插入式孔口滴头，安装前应选用直径小于滴头插头外径 0.5mm 的打孔器在毛管上打孔，孔距按设计要求确定，打孔后随即安装滴头，防止杂物进入孔内。

如果微喷头直接安装在毛管上时，应先将毛管拉直，两端紧固，然后按设计孔距打孔。如在毛管与微喷头之间再加一段连接管，连接管末端应固定在专用插杆上，在它的上面再安装微喷头。插杆插入地下深度应大于 15cm，插杆和微喷头要与地面垂直，微喷头安装高度距地面 20cm 以上。

（3）施肥施药设备安装。化肥或农药的注入装置一定要放在水源和过滤器之间，肥（药）液必须先经过过滤器过滤后才可进入管道，以避免杂质堵塞管道和滴头（微喷头）。此外，在化肥（农药）输液管出口处与水源之间必须安装逆止阀，以防化肥（农药）溶液流入水源，污染环境。

（4）冲洗、试运行。灌水器和毛管安装好以后，要对管道系统进行冲洗，把施工安装过程中不慎带进管道中的泥土、钻孔时的塑料碎渣等冲洗出去。冲洗顺序为先主后次，先关闭次要管子的进水阀门打开首部枢纽总控制阀、过滤器排水阀及干支管排水阀，然后启动水泵冲洗，直到排水口水质变得很清洁时再缓缓关闭排水阀，使管内水压上升到1.25倍的设计工作压力进行管道耐压试验，保压10分钟，然后放水冲洗，再作复试，达到标准后才可进行下级管道冲洗试验。

过滤器及干支管道冲洗干净后再连接毛管，打开毛管末端，冲洗毛管，冲洗干净再堵住毛管末端，把压力升到设计工作压力，全面检查阀门、管件、旁通、管道连接处及各管道末端是否漏水，同时抽样检查滴头、微喷头工作状况。冲洗过程中应随时检查管道情况，并做好记录。

试运行时，使所有设备都处于工作状态，按设计要求分轮灌组进行。检查全系统运行状态，有无渗水、漏水、破裂、脱落等现象，如都达到设计要求，即可验收交付使用。

4. 使用维护

（1）灌水器。使用中要经常注意观察灌水器工作状况，如果发现出水量减少，就表明有堵塞的征兆，要及早采取处理措施。首先要分析堵塞形成的原因，微生物（藻类、真菌、细菌等）引起的堵塞可注入含氯浓度为0.05%的水，关闭整个系统，保持24h，然后打开系统进行彻底冲洗。具体实施常用次氯酸钠（漂白粉），其加入量应通过设计计算确定。

如果灌溉水矿化度高，长期使用后水中溶解的碳酸钙会沉淀在滴头内或毛管中（类似水壶底部的白色沉淀物，俗称水碱），造成堵塞，可用盐酸进行处理，方法是在100份体积的水中加入0.5～2份的盐酸（盐酸浓度为36%），将含盐酸的水输进微灌系统，保持5～

15min。如果是暗红色的铁沉淀物沉淀堵塞，则用硫酸清洗。

应注意进行氯或酸处理后，对土壤均有一定的污染；应加强水源的水质过滤处理，尽量防止出现堵塞；另外，进行酸处理时应将酸加入水中，绝不可将水加入酸中；注意安全，防止酸污染水源或对人畜造成危害。

（2）过滤器。灌水过程中，要按操作规程要求，定期检查和冲洗过滤器，千万不要认为有了过滤器就万事大吉，冲洗时间早些晚些无所谓。

滤网过滤器工作时，如果当过滤上、下游压力差超过限值（2～5m）时，即应进行冲洗，冲洗方法有手工清洗和自动清洗两种：手工清洗方法是关闭水泵，扳动过滤器手柄，拆开压盖，取出滤芯，刷洗滤网上的污物，并用清水冲洗干净；自动清洗是过滤器不停止工作，当上、下游压力差超过限值时，自动打开冲洗排污阀门，冲洗 20～30s 后关闭，然后恢复正常运行。

沙过滤器运行一段时间后，当过滤器进出口压力差超过 3～5m 时就要进行反冲洗，要注意控制反冲洗水流的速度，以防冲走作为过滤用的沙砾料。

灌溉季节结束，要取出滤网过滤器的滤芯，刷洗晾干后备用。对沙过滤器要彻底反冲洗；用氯进行消毒处理，防止微生物生长；要排干过滤器中的水并保持干燥，检查是否有沙结块，如有结块或黏着的污物应予清除，如果由于冲洗使过滤沙数量减少，需补充相应粒径的沙石，必要时可取出全部过滤沙石层，彻底冲洗后再重新逐层放入过滤器罐内。

（3）施肥（农药）装置。利用压差式施肥罐施肥（农药）时，肥（药）液浓度会随时间不断变化。为达到均匀施肥的目的，要注意各轮灌区的施肥时间，还应注意查看肥料（农药）是否全部溶解在施肥罐的水中，每次施肥或施农药后，必须用清水把系统冲洗干净，以防止设备腐蚀。

（四）渠道防渗节水

渠道防渗工程技术就是杜绝或减少由渠道渗入渠床而流失的水量的各种工程技术和方法，它能减少输水损失，提高渠道输水能力，有利于控制地下水位、改善灌区生产条件和生态环境，有利于渠道安全运行。据统计，全国灌区的年引水量约 3500 亿 m^3，其中有一半的水在输水过程中损失掉了，没有被利用。根据试验和实际调查，渠道防渗一般可减少渗漏损失的 70%～90%。因此，大力建设高标准的防渗渠道，是节约灌溉用水的一项重要措施。

1. 渠道防渗的常用方法

目前，我国常用土料、水泥土、石料、膜料、混凝土和沥青混凝土等材料建立渠道防渗层，以达到防渗目的。

土料防渗：土料防渗是指用压实黏性土、黏沙混合土、灰土、三合土、四合土等土料进行防渗。它能就地取材，施工简便，造价低，但抗冻性和耐久性较差，工程量大，质量不易保证，防渗效果 0.07～0.17 [m^3/（m^2·d)]，使用年限为 5～25 年，适用于气候温暖地区的中、小型渠道。

水泥土防渗：水泥土防渗有压实干硬性水泥土防渗和浇筑塑性水泥土防渗两种方法。具有能就地取材，施工较简便、造价较低等优点，但抗冻性较差，防渗效果 0.06～0.17 [m^3/（m^2·d)]，使用年限 8～30 年，适用于气候温暖地区，附近有壤土和沙壤土的渠道。

砌石防渗：砌石防渗是指浆砌料石、块石、卵石、石板以及干砌卵石进行防渗。抗冻、抗冲、抗磨和耐久性能好，施工简便，但防渗效果一般不易保证，施工所需劳力较多，防渗效果 0.09～0.25 [m^3/（m^2·d)]，使用年限 25～40 年，适用于盛产石料地区的渠道。

膜料防渗：膜料防渗是用塑膜、沥青玻璃纤维布、油毡等作防渗层，还有用 SDM 材料作防渗保温层，其上再设保护层的防渗方法。它的主要优点是防渗效果好，材料重量轻、运输量小，是目前普遍应用的一种防渗方法。防渗效果 0.04～0.08 [m^3/（m^2·d)]，使用年限在 20～30 年之间。当用土作保护层时，造价低，但占地多，允许流速小，适用于中、小型渠道；当用混凝土或石料作保护层时，造价较高，可用于各种渠道。

混凝土防渗：混凝土防渗是目前国内外广泛采用的一种防渗方法，其优点是防渗效果、抗冲性和耐久性好，输水能力大。防渗效果 0.04～0.17 [m^3/（m^2·d)]，使用年限可达 20～50 年，适用于各类地区和运用条件下的各级渠道。

沥青混凝土防渗：沥青混凝土防渗效果好，适应地基变形能力较强，造价与混凝土防渗相近，防渗效果 0.04～0.14 [m^3/（m^2·d)]，使用年限 20～30 年。一般适用于冻胀性土基，且沥青料来源有保证的各级渠道。

2. 防渗渠道的断面形式

目前各地结合工程具体条件采用的新型断面有 U 形、弧形底梯形、弧形坡脚梯形等断面形式。这些断面形式，具有防渗效果好，水流条件佳，占地少，适应冻胀变形能力较强，投资较小，寿命较长等特点。U 形适宜于小型渠道，弧形底梯形适用于中型渠道，弧形坡脚梯形适用于地下水位较高地区的大、中型渠道。

3. 常用渠道防渗的结构施工

（1）砌石防渗结构施工

施工前，先做好渠槽清理和测量放线等工作，然后洒水润湿渠基，以便渠基与砂浆结合紧密。施工所用的石料应该用水冲洗干净，施工时，梯形渠道砌筑的顺序为先砌渠底，后砌渠坡。在渠底铺一层厚度 2～5cm 的混合砂浆，铺砂浆与安放石料应该同时进行。随铺浆随砌石，坐浆要饱满。石块要大面朝外、错缝交接，并选择较大、较规整的块石砌在渠底和渠坡下部。石缝宽超过5cm时，应该用小块石料填塞。砌筑渠坡时，应从坡脚开始，由下而上分层砌筑，也是随铺浆随砌石，石料之间缝隙大的地方用小块石料填塞，直至铺设到渠顶。等到渠道全部砌筑完成后，在砌筑砂浆初凝前进行勾缝。勾缝应自上而下用砂浆充填、压实和抹平，待砂浆初凝后，进行洒水养护，以防干缩裂缝的产生。

伸缩缝的施工工序：首先要清除伸缩缝内的泥土、杂物，剔除里面的碎石，使缝壁清洁、干燥；缝内深度控制在15cm左右（应视砌筑工程的厚度来定缝内控制的厚度），将填筑伸缩缝需要的材料，包括油麻、焦油塑料胶泥和沥青砂浆准备好，先把油麻填入缝内，厚度控制在5～6cm之间。然后，将焦油塑料胶泥灌入缝内，并用木棒压实抹平，使胶泥与缝壁充分黏结；再将制好的沥青砂浆铺在胶泥上面，也是要充分压实抹平；最后用火沿缝壁烤热沥青砂浆，使它光滑平整，并且与缝壁充分黏结。

（2）膜料防渗结构施工

膜料防渗结构是指防渗层为膜料或高分子防渗保温卷材、保护层为混凝土预制板的防渗结构。膜料防渗结构施工所用的混凝土板是工厂预制好的，预制板在运输和堆放过程中，应竖直放置，避免震动和碰撞，防止损坏。

不同地区所用的膜料是不同的，常用的有聚乙烯膜、聚氯乙烯膜等。一般采用厚度为0.20～0.30mm的深色塑膜。在寒冷地区，适合选用聚乙烯膜；在芦苇等穿透性植物丛生的地区，适合选用聚氯乙烯膜。当渠基较差的时候，最好采用厚度为0.60～0.65mm的无碱或中碱玻璃纤维布机制的沥青油毡。大型渠道可以采用厚度0.3～0.6mm的深色塑膜，为了使塑膜在渠坡上不容易滑动，可复合一层无纺布的复合土工膜。

在铺设膜料之前先要复核渠道纵横断面尺寸，修整渠底和渠坡。

在防渗结构施工时，施工人员应穿胶底鞋或软底鞋，谨慎施工。铺膜时，按先下游后上游的顺序铺设，接缝垂直于水流方向铺设。膜料不要拉得太紧，膜下空气应完全排出，检查并粘补已铺膜层的破孔。在膜料铺好后就可进行保护层的施工放线，先放渠底线，再放坡线，最后挂上跑线。为缩短塑膜在阳光和大气中暴晒的时间，铺膜速度应和铺砌保护层的速度同步进行，避免膜层裸露时间过长。在膜上铺一层 2～3cm 的水泥砂浆作为过渡层。将混凝土预制板四周接缝处用钢丝刷刷干净后，铺于压实的过渡层上。铺砌过程中务必将板下孔隙填实，并控制规定的高程和接缝宽度。砌坡时，由下而上，横向结构缝或伸缩缝可砌成通缝，纵向结构缝一般要错开，但对有膨胀变形的基槽，混凝土保护层的纵向结构缝则应砌成通缝。结构缝灌前应清理干净，用水冲去浮土，并使缝壁润湿，再用特制勾缝刀将水泥砂浆压入缝内，并认真捣实、压平、抹光。结构缝的强度是保证砌筑质量的重要方面，要注意洒水养护。最后，同砌石防渗结构施工的工序一样，按规范要求对伸缩缝进行处理。

（3）预制混凝土 U 形渠道的施工技术

预制混凝土 U 形渠槽构件：按照设计要求，在混凝土预制厂生产整体式混凝土 U 形渠槽构件。

预制混凝土 U 形渠槽构件的安装：铺砌。挖好渠槽，铺筑 U 形槽前应进行结构施工放线，将预制混凝土 U 形渠槽小心地铺在渠道基槽中，控制好渠底高程，使渠槽顺直，留缝均匀、一致。并使渠顶保持在同一直线上，在铺砌过程中必须将构件下空隙处用中砂垫实，按要求留好对接处的横缝，其宽度要保持一致，同时按设计预留好伸缩缝的位置和宽度。

接缝的处理。先将接缝处清理干净，用水冲去浮土与杂物，并使缝壁湿润，将缝的 2/3 深度用细石混凝土填充，用水泥砂浆把剩余的 1/3 接缝深度填好，捣实、压平、抹光，然后洒水养护。

施工全部完成后，进行伸缩缝填筑，具体方法参见裂缝处理并按规范要求进行。

4. 防渗渠道的破坏形式及处理

防渗渠道常常出现下列破坏形式：鼓胀及裂缝、隆起架空、滑塌、整体上抬、沉陷和淘涮、孔洞、剥蚀、勾缝砂浆开裂脱落、伸缩缝填缝材料挤出流淌等。

在我国北方地区衬砌渠道的破坏多数是由冻害所致，而最普遍或最初的破坏形式又往往是裂缝，其他破坏形式大都是裂缝在冻胀力的作用下进一步发展而形成。因此，在渠道的运行管理中要特别注意裂缝的发生和发展，发现裂缝及时处理。

当裂缝较大时，先用钻子将缝边松动的毛刺剔掉。清除缝内、缝壁及缝口两边的泥土、杂物，使缝壁、缝内清洁干燥；将焦油塑料胶泥（或其他材料）灌入缝内，填压密实，使表面平整光滑；填好缝 1～2h 后，沿缝口两边各宽 5cm 涂刷一层专用涂料，要涂刷均匀，然后再贴一层高分子防水材料，要粘平贴紧，不能有气泡。当裂缝较小时，把缝两边各 5cm 内清理干净，刷胶，贴防水材料即可。

5. 日常行水安全管理

渠道防渗工程正常运行期间的水位不应超过设计水位，特殊情况下不应超过校核水位。防渗渠道，特别是土料防渗渠道和土保护层膜料防渗渠道的渠水位不宜骤涨骤落，1h 和 24h 的变幅分别不宜超过 0.15m 和 0.5m。

渠道防渗工程在通水前、暴雨后，应进行全面检查。针对存在的问题，认真地进行维修。维修工作应达到下列要求：

①排洪设施完好、通畅。渠堤顶无积水，雨水和融雪水不流入防渗结构背后；②防渗结构封顶板稳固、完好，周围无空穴、裂缝；③伸缩缝和砌筑缝完好，不漏水；④地下水的排水设施完好、通畅；⑤渠内无淤积、杂草；渠堤无陷穴、冲坑、裂缝和滑坡等；⑥渠堤

顶和渠岸道路保持设计宽度。渠边的防护设施和标志完好；⑦各种观测设施完好。

管理单位应坚持进行渠道防渗工程的测验。大型渠道定期进行变形观测，发现问题，及时处理。不允许在渠堤垦殖、取土、采石、放牧、堆放杂物和违章修筑建筑物；不允许向渠内倾倒垃圾、排污、抛掷砖石、擅自开口和埋管取水；渠道内坡不能植树，外坡植树要距防渗结构有一定距离；不允许人畜在土料、水泥土防渗渠道和土料、水泥土保护层膜料防渗渠道内踩踏。渠道的运行管理，要减少空流、渗漏、污染、弃水等情况的发生，要逐步采用现代化的管理手段，使其量测、控制、调度逐步实现自动与数字化。

渠道防渗工程技术，是节水灌溉各个环节中的重要一环，随着我国经济实力的增强，渠道防渗工程技术将会得到更大的发展。

（五）其他节水措施

1. 膜上灌

膜上灌是我国在地膜覆盖栽培技术的基础上发展起来的一种新的地面灌溉方法。它是将地膜平铺于畦中或沟中，畦、沟全部被地膜覆盖，从而实现利用地膜输水，并通过作物的放苗孔和专业灌水孔入渗给作物的灌溉方法。由于放苗孔和专业灌水孔只占田间灌溉面积的1%～5%，其他面积主要依靠旁侧渗水湿润，因而膜上灌实际上也是一种局部灌溉。目前，新疆采用膜上灌的农田已达23.33hm^2，甘肃、河南等省也开始推广。膜上灌形式有开沟扶埂膜上灌、培埂膜上灌、膜孔灌、沟内膜上灌、膜缝灌、格田膜上畦灌、膜侧膜上灌等多种。膜上灌作物有棉花、蔬菜、玉米、小麦等。地膜栽培和膜上灌结合后具有节水、保肥、提高地温、抑制杂草生长和促进作物高产、优质、早熟等特点。生产试验表明：膜上灌与常规沟灌相比，棉花节水40.8%，增产皮棉5.12%，霜前花增产15%；玉米节水58%，增产51.8%；瓜菜节水25%以上。由于膜上灌是一种新的灌水技术，还有许多不成熟和不完善的地方，对其技术机制、技术要素及其设计方法都需要进一步研究。

2. 污水喷灌技术

利用污水喷灌是将污水处理与农业用水结合起来的一种污水处理方式，同时又是一种开源节流的灌溉方式。喷灌净化污水，就是将污水喷洒在田里，利用土壤、微生物和作物来分解污水中的一些成分，并使部分水蒸散到大气中，部分水经土壤净化后渗透泄出再利用。

在利用污水喷灌时，应先对污水进行沉淀、筛滤，除去固体污物，有的还需加入消毒杀菌剂。污水灌的作物应以除蔬菜以外的经济作物为主，对于谷类作物最好只用于作物生育前期，在作物收获前一段时间应停止污水灌。污水灌的土壤以沙壤土、壤土和壤质沙土为好，水量应结合作物的种类和生育期确定，如在作物苗期、早春和晚秋应少灌。实施污水灌要防止大定额灌溉，以免造成地表及地下径流，灌溉强度以不造成土壤黏闭和不产生地表径流为原则。如污水水质不符合灌溉水质标准时，可采用清水污水混合方法，使混合后的水质符合灌溉要求后再进行喷灌。此技术较复杂，最好在专家指导下运用。

3. 咸水灌溉技术

咸水灌溉技术主要包括不同水质的水混灌和轮灌，此外，还有依据电渗透作用原理利用地下咸水灌溉的技术。

混灌是将两种不同的灌溉水混合使用，包括咸淡混灌、咸碱（低矿化碱性水）混灌和两种不同盐渍度的咸水混灌，目的是降低灌溉水的总盐渍度或改变其盐分组成。混灌在提高灌溉水水质的同时，也增加了可灌水的总量，使以前不能使用的碱水或高盐渍度的咸水得以利用。

轮灌是根据水资源分布、作物种类及其耐盐性和作物生育阶段等交替使用咸淡水进行灌溉的一种方法。如旱季用咸水，雨后有河水时用淡水；强耐盐作物（如棉花）用咸水，弱耐盐作物（如小麦、玉米、大豆）用淡水；播前和苗期用淡水，而在作物的中、后期用咸水。轮灌可充分、有效地发挥咸淡水各自的作用和效益。

奥地利研究人员利用电渗透作用原理研制出一种灌溉系统，该系统使地下水经土壤毛细管及各种孔隙上升到地表层，同时从聚集于电极周围的某些盐类中游离出净水，上升到地表层供作物利用。其设备是由两组电极组成，将一组装有正电极的金属管打入地下水位以下，另一组为负电极的导体栅网，埋于与植物根部深度相等的地方。根据土质结构及土壤含盐量，接通 2～12V 电源，就会在两极间建立直流电场，产生电渗透效果。这种灌溉系统适用于地下水较丰富的干旱区果园、草坪及固沙植物等。

4. 利用空气中的水分进行灌溉

利用空气中的水分进行灌溉就是通过一定的设施来收集空气中的水分，直接供给植物利用或汇集到蓄水池中以供灌溉之用。德国研究人员用一圆筒来收集空气中的水分，其内壁涂有吸聚阳光热的涂料，圆筒与若干个喷嘴管连接，将喷嘴管埋在两行植物根部之间。白天高温烤热的空气经圆筒进入喷嘴管里，到了夜间降温时，空气中的水分就凝结成了露水珠而流到作物的根部。秘鲁的研究人员沿海岸垂直张挂一些大型尼龙网，以吸聚雾气，待雾变为水后流进蓄水池，以供沿海滩涂灌溉之用。智利的科研人员利用沙漠地区的云雾来改造沙漠，他们在巨大的框架上面安装由聚丙烯塑料制成的双层网来“捕捉”云雾，云雾在网上凝结成水，汇集到贮水池中，以供种植的林草或天然沙生植物的灌水之用。

对于沙漠地区和缺乏淡水的沿海地区，利用空气中的水分进行灌溉是一种可取的方法，但如何降低成本，提高效率和实用性是今后应着重解决的问题。

5. 节水管理

节水管理是推广节水灌溉的重要工作，如果一个节水灌溉工程建成后无人管理或管理不好，设备丢失破坏，渠道、管道到处漏水；或是渠道防渗节约了水，但是田间灌水粗放，使灌溉水遍地流，沟满壕平，节水的效果事倍功半。

节水管理，第一，要建立健全节水管理组织，完善节水管理规章制度，落实节水责任制，不但县、乡、村各级干部要有明确的节水责任和任务指标，农民灌水员和每一个用水农户也要承担相应的责任。节水责任和任务要有可操作性，有量化指标，能监督、检查、验收。要完善节水技术推广服务体系，包括器材设备统管，零配件供应、修理，技术咨询指导等。通过广播、电视报纸、杂志、墙报、宣传画等多种形式，加强节水宣传，普及节水科学知识，开展经常性的技术培训，提高全社会的节水意识，提高基层干部和农民的节水自觉性。第二，要按照技术管理规程规范的要求，维护好节水工程设施，延长工程使用寿命。第三，要实行水资源优化调配，计划用水，科学用水，用节水型灌溉制度指导灌水。要根据土壤墒情和水源供水条件，在提高 $1m^3$ 水的作物产量和纯收入的原则下，适当减少灌水次数，降低灌水定额。为了指导科学灌溉，要准确地了解土壤墒情，建立墒情测报网。为了合理配水，做到水的优化调配，要在渠系建立水位—流量测量装置，准确地进行计量。第四，要按供水成本计收水费，供水成本应包括油气电、人员开支、维修、折旧等费用，使节水工程能良性运行，长久发挥效益。要运用经济手段促进节约用水，例如：改按亩收费为按方收费；实行浮动水价，雨季水多的时候，水价优惠，水少的时候，水价适当上浮；实行定额供水、限额供水，超定额用水加价收费，超限量用水给予数倍水价的罚款等经济处罚。

三、农田排水

作物的生长离不开水，水是生命之源。但是也不是水越多越好，水太多也会影响作物的正常生长，甚至使作物死亡。因此缺水时需灌水，水多时则需排水。农田排水是将农田中过多的地面水、土壤水和地下水排除，改善土壤的水、肥、气、热关系，以利于作物生长的技术措施。由于排除了过多的地面水、土壤水和降低地下水位，从而成为提高土壤肥力及单位面积产量，保证农业生产正常进行的有效措施，而在部分地区，还成为扩大耕地面积的必要措施。

（一）农田排水的任务与要求

1. 农田排水任务

排除农田里多余的地表水和地下水，控制地表径流以消除内涝，控制地下水位以防治渍害和土壤沼泽化、盐碱化，为改善农业生产条件和保证高产稳产创造良好条件，这是农田排水的根本任务。

由于自然条件和农业生产情况存在差别，各地区农田排水的具体任务不尽相同。在湿润和半湿润气候带，特别是平原和低洼地区，汛期降雨量大、过于集中或持续时间长，往往容易形成内涝，雨后地下水位升高，使土壤过湿而产生渍害。在这些地区，需要通过排水设施，排走多余的地表水和地下水，减少土壤中的水分，增加通透性，提高地温，以消除涝渍。排除因降雨导致影响作物正常生长的多余地表水称排涝。设计要求达到的排涝能力，称为设计排涝标准。设计排涝标准是指一定重现期的暴雨（中国一般采用5～10年一遇）在一定时间（如3d）内排除，使作物不致显著减产。排涝标准尚有其他表达形式。排除多余地下水、降低地下水位、减小耕作层土壤含水率使作物不致减产称为排渍。排渍标准常表示为某作物在某一生长期，地下水自地表回落至不使作物显著减产的水位的时间。如中国有些地区规定，在小麦受渍敏感期，要求 72h 内地下水自地表下降 60～100cm。

在干旱、半干旱和半湿润气候带，土壤含盐量大或地下水矿化度高的地区，需要利用排水系统来控制（降低）地下水位，结合灌溉和降雨淋洗盐分，通过排水系统排走，以淡化土壤和地下水，保持良好的水盐平衡状况，防治土壤盐渍化。

2. 农田排水要求

（1）排除地面水的排涝标准

以排水区发生一定重现期的暴雨，农作物不受涝作为设计排涝标准。即当实际发生的暴雨不超过设计暴雨时，农田的淹水深度和淹水历时应不超过农作物正常生长允许的耐淹深度和耐淹历时。排涝标准是确定排涝工程规模的重要依据。排涝标准确定的合理与否将直接影响排水工程投资效益及社会效益。设计暴雨历时和排除时间应根据排涝面积、地面坡度、植被条件、暴雨特性和暴雨量、河网和湖泊的调蓄情况，以及农作物耐淹水深和耐淹历时等条件，经论证后确定。旱作区一般可采用 1～3 天暴雨 1～3 天排至无积水，水稻区一般可采用 1～3 天暴雨 3～5 天排至耐淹水深。

表 3—9 几种农作物的耐淹水深和耐淹时间

作物种类	生育期	耐淹水深/cm	耐淹时间/d	作物种类	生育期	耐淹水深/cm	耐淹时间/d
棉花	开花结铃期	5～10	1～2	高粱	孕穗期	10～15	<5
玉米	抽穗期	8～12	1～1.5		灌浆期	15～20	6～7
	孕穗灌浆期	8～12	2		乳熟期	15～20	8～19
	成熟期	10～15	2～3	大豆	开花期	7～10	2～3
甘薯	—	7～15	2～3	水稻	分蘖期	6～10	2～3
旱稻	孕穗期	10～15	4～5		拔节期	15～20	5～7
春谷	孕穗期	10～15	1		孕穗期	20～30	8～10
	成熟期	10～15	2～3				

任何作物都具有一定的耐淹水深和耐淹历时，超过作物允许的耐淹水深和耐淹历时，将影响作物的正常生长，轻则造成作物减产，重则造成作物死亡，作物耐淹水深和耐淹历时随作物的品种、生育阶段而异。一般应根据当地或邻近地区有关试验或调查资料分析确定。无试验或调查资料时，可按表 3－9 选取。

（2）降低地下水位的排渍标准

农作物生长受土壤中水、气、热、养分等状况所制约，水、气比例失调必然引起减产，水分过多，氧气不足形成渍害。地下水过高将严重影响作物产量，并且在一定幅度内随着地下水位的降低而产量增加。最直接判别农田是否产生渍害应测定土壤含水率及地下水位埋深。

①排渍标准

农作物排渍标准是指控制农作物不受渍害的农田地下水排降标准，通常是将排水区由设计暴雨形成的地面水排除后，地下水位应在旱作物耐渍时间内排降到农作物耐渍深度以下，以消除由于土壤水分过多或水稻田土壤通气不良所产生的渍害。农作物的设计排渍深度是指农作物在不同生育阶段要求保持一定的地下水适宜埋藏深度，即土壤中水分和空气状况适宜于农作物根系生长（有利于农作物增产）的地下水深度。

由于农作物的耐渍深度和耐渍时间因作物种类、生育阶段、土壤性质、气候条件以及采取的农业技术措施等不同而变化，是一个动态指标。因此，各种农作物的耐渍深度和耐渍时间应根据对当地或邻近地区作物种植经验的实地调查或试验资料，并考虑到一些动态因素的影响分析确定。表 3－10 列出的几种主要农作物排渍标准，可供无试验调查资料时参考选用。

表 3－10 几种主要农作物的排渍标准

农作物	生育阶段	设计排渍深度/m	耐渍深度/m	耐渍时间/d
棉花	开花、结铃	1.0～1.2	0.4～0.5	3～4
玉米	抽穗、灌浆	1.0～1.2	0.4～0.5	3～4
甘薯	—	0.9～1.1	0.5～0.6	7～8
小麦	生长前期、后期	0.8～1.0	0.5～0.6	3～4
大豆	开花	0.8～1.0	0.3～0.4	10～12
高粱	开花	0.8～1.0	0.3～0.4	12～15
水稻	晒田	0.4～0.6	—	—

②几种主要作物对地下水位的要求

有渍害的旱作区，农作物生长期地下水位应以设计排渍深度作为控制标准，在设计暴雨形成的地面水排除后，应在旱作物耐渍时间内将地下水位降至耐渍深度。水稻区应能在晒田期内 3～5d 将地下水位降至设计排渍深度。适于使用农业机械作业的设计排渍深度，应根据各地区农业机械耕作的具体要求确定，一般可采用 0.6～0.8m。

麦类：在播种和幼苗期，要求土层湿润，地下水不能降得过低，一般在 0.5m 左右，以便利用地下水的上升毛管水，促使种子早日发芽，苗全苗壮。自返青以后至拔节阶段，此时正是麦类根系旺发时期，地下水要求降到 0.8～1.0m。如因田未整平，雨后田面积水，要迅速开沟排水，要求雨过田干。麦类根系发育后，地下水位要逐步下降。在南方，到清明节以后（四月上、中旬），地下水应严格控制在 1.0m 以下。

棉花：棉根的分布受土壤水分影响很大。土壤水分过多或地下水位过高时，棉花的主根短，支根与毛根也少，严重影响地上基叶生长，主要是花蕾减少和蕾铃脱落增多甚至出现死亡现象。但棉花在开花结铃期，需水量很大，又最怕旱。此时土壤含水率一般以占田间持水率的 70％～80％为宜。只有各生育阶段土壤含水率适宜时，根系才会健壮，数量多而密，分布均匀。因此，掌握适宜土壤含水量和控制地下水位是棉花增产主要措施之一。

水稻：水稻是喜温好湿作物，所以，在大部分生长期内，稻田要保持较多的水分。同时由于水稻的根、茎、叶具有畅通的通气组织，根部空气可以由通气组织与田面以上的大气交换，故水稻可以较长时间生活在含水率饱和的土壤中。但如土壤通气不好，水稻根部缺氧，呼吸减弱，好气性细菌的活动受到限制，肥料难以分解，硫化物、有机酸和铁锈水等有害物质增加，土壤中水分不能流动交换，不利于土壤的脱盐、脱酸和有害物质的排除，稻根扎不深，易倒伏，并易产生黑根、烂根等，由此严重影响水稻的产量。因此，修建排水沟，借以降低地下水位，适时落干晒田是协调稻田水、热、气、肥的矛盾和进一步提高水稻产量的一个重要措施。

（3）防治土壤盐碱化的排水标准

在干旱半干旱地区常存在土壤盐碱化问题。作物根系层中的盐分主要是随水分而运动的。在蒸发和蒸腾作用下，由于土壤的毛管作用，地下水中的盐分随水分而上升。水分自地表蒸发或植株蒸腾后，盐分则留在土壤表层。降雨或灌溉淋洗，入渗的水流夹带表层的盐分向深层移动，使表层盐分逐渐降低。

在一定的条件下，根系层水分蒸发、蒸腾与地下水的埋深密切相关。埋深愈小，地下水面以上土壤含水量愈高，蒸发能力愈强；干旱季节土壤蒸发强度愈大，表层积盐愈快，愈容易形成土壤盐碱化。

因此，在改良和防治土壤次生盐碱化的地区，应采取水利、农业、化学、生物等方面的综合性措施。水利方面的措施，主要是建立良好的排水系统。因此，在改良和防治土壤次生盐碱化的排水标准，除执行以上的排涝、排渍标准外，还必须要求在返盐季节前将地下水位控制在临界深度以下，从而达到改良和防治土壤次生盐碱化的目的。地下水位临界深度是指为了保证不致引起耕作层土壤盐碱化所要求保持的地下水最小埋藏深度。控制地下水位的临界深度主要与当地土壤性质、地下水矿化度及作物根系活动层深度等因素有关。各地条件不同，地下水临界深度也不同，一般应根据实地调查和观测试验资料确定。表3—11所列为北方地区地下水临界深度值，可供无试验或调查资料时参考选用。

表3—11　北方地区地下水临界深度值

地下水矿化度/g·L^{-1}	土壤质地		
	沙壤	壤土	黏土
<2	1.8～2.1	1.5～1.7	1.0～1.2
2～5	2.1～2.3	1.7～1.9	1.1～1.3
5～10	2.3～2.6	1.9～2.0	1.2～1.4
>10	2.6～2.8	2.0～2.2	1.3～1.5

(4) 农田排水的影响

①农田排水对土壤物理化学性质的影响

土壤水分是土壤物理学中一个主要组成部分，而农田排水是土壤水分管理的重要环节。农田排水会引起土壤物理性质的变化，而土壤物理性状又影响农田排水的过程。

在我国南方山区和丘陵地区，常因冷水浸渍，使农田土壤结构受到严重的破坏。这主要体现在土粒高度分散，结构完全丧失而呈烂糊状，土壤的透气性很差，气体交换微弱；大量还原性物质因地下水滞留时间过长而难于排除，致使整个上层都处于强烈的还原状态。有机还原物质包括分解过程中所产生的各种有机酸；无机还原物质是指在有机还原物质的作用下，所形成的亚铁、锰离子和硫化氢等。这两类还原物质在土壤中过多积累，对作物生长产生极为不利影响。大量有机酸和其他活性有机还原物质，可直接或间接抑制作物的代谢过程。某些冷浸田有机质含量较高，土壤pH在5～6之间，有利于硫化氢等硫化物的形成，对作物根系产生永久性伤害。此外，由于地下水位过高，长期渍水，使农田中亚铁离子（Fe^{2+}）的含量较高，这对作物的根系也具有一定的毒害作用。

农田长期渍水还会造成水土温度低，严重抑制微生物的活动，其微生物种类少，数量也较正常水稻土低，活性也较弱。由于地下水位高，农田长期处于浸渍状态，还原性强，通透性差，使土壤中有机质分解缓慢，而有较多积累，所以这类土壤的潜在肥力是高的。但因水热条件不良，有机质矿化程度低，分解释放的有效养分少，不能满足作物生长的需要。

排水是改良农田土壤因长期渍涝而造成的结构性差，通气不良，氧化还原作用强等对作物产生不利影响的根本措施之一。在我国南方的冷浸田地区，通过排水，可极大改善土壤水、肥、气、热状况，排除有毒的还原性物质，加强微生物的活动、使土壤性状发生很大的变化。

排水对土壤理化性状的影响有以下几个方面：第一，改善土壤结构。当地下水位高，农田排水不畅时，极易造成农田渍害而破坏土壤结构。实施排水后，可使农田多余水分排出，当土壤干燥后可形成新的结构。第二，排除有毒物质。通过排水，可将土壤中无机和有机的还原性有毒物质随水分一起排出，降低土壤的毒性。根据江苏省昆山市试验资料，暗管排水稻田中其亚铁离子要比对照大田减少近一半。第三，降低土壤含水量，改善土壤热状况。当对农田实施排水后，农田耕层土壤中过多水分将得到排除，土壤的透气性和容气量将会增加，这样可达到以水调气，有利于好气性微生物活动，促进土壤中的氧化过程。对稻田而言，将有助于潜育化水稻土向脱潜方向发展。随着土壤含水量的降低，土壤的热性质（主要是土壤热容量）得到改善，提高了地温。不同的排水措施（明排、暗排等）和排水规格，对提高地温的作用是不同的，暗管排水区的地下土壤温度要高于明管排区的土壤温度。相同排水措施条件下，随排水管间距的减小，土壤温度随之而增加。第四，改善土壤通气状况，提高氧化还原电位。在排水过程中，随着土壤中液相的减少，空气容量相对增加，从而改善了土壤通气状况。土壤通气状况的好坏，表现为氧化还原电位（Eh）的高低，土壤含氧气多，Eh值则较高，反之则相反。第五，降低土壤含盐量，改良土壤盐碱化。由于实施排水措施，排走了表层潜水，增加了潜水位的下降速度，加速了耕作层土壤的脱盐过程，起到了调节土壤水盐状况的目的。根据山东一灌区的试验资料，排水对表层土壤的脱盐效果十分明显，如实施暗管排水地段冬灌后0.20cm土层土壤脱盐率达到68%。而春灌期，潜水矿化度在灌前为9.35g/L，灌后为8.62g/L，脱盐量达到0.73g/L，淡化率为7.8%。

②农田排水对作物生长的影响

在易渍、易涝和易碱地区农田排水是农作物生长发育的重要措施之一，通过排水调控作物生长的水、土、气、热、肥等主要环境要素，并由此影响作物各器官的生长发育状况，最终影响作物的产量。

作物根系生长层要求具有适宜的土壤含水率。土壤含水率过高，土壤通透状况不良，根区有毒的酸碱物质难以得到排除，极易造成作物根系生长发育迟缓，甚至出现烂根、黑根的现象。

由于排水改善了作物根区的通气状况，促进了根系生长发育，增加了作物根系对土壤养分、水分的吸收，因而也促进了作物植株的生长发育，进而促进作物生殖器官的生长发育，提高作物产量。

③农田排水对地下水动态的影响

地下水动态受多种自然因素和人为因素的影响。由于农作物生长要求具有适宜的地下水埋深，而通过蒸发降低地下水位是十分有限的。因此，排水是控制和降低地下水位的主要方法。

在灌水和降雨量较大的情况下，一部分水将透过土层补给地下水，引起地下水位的上升。农田无排水措施，地下水位将以较快速度平移上升。在有排水措施的条件下，降雨或灌水入渗量的一部分将随排水沟排走，因而地下水上升速度和上升高度将较无排水工程时为小，尤其是靠近排水沟附近，地下水位上升高度最小。

在降雨和灌水停止后，无排水措施农田的地下水位主要依靠地下水的蒸发而缓慢回落，而有排水措施的农田，在蒸发和排水双重作用下，地下水位以较快的速度回落，相同时间内地下水的降深较无排水的降深大。

总之，无论是在灌水和降雨入渗过程中，还是降雨和灌水后的排水过程中，排水沟对地下水位具有十分重要的控制作用，距排水沟愈近，其控制作用愈强，远离排水沟处，其控制作用相对减弱，且在两沟中间一点形成地下水位最高点。

作物的生长需有适宜的地下水埋深，以保证作物生长必需的水、气、热条件。旱作区与水稻种植区所要求的地下水埋深是不同的，相应的农田排水标准、排水方式、排水规格各不相同。

根据水稻的高产栽培技术，分蘖盛期后，稻田必须进行落干晒田，在此期间，田面无水层，田间地下水在两边排水沟（管）和蒸发的共同作用下，迅速下降，地下水位处于一动态变化过程之中。一般来讲，排水沟（管）间距小、土壤质地轻、沟深（或管理深）大，地下水下降速度快，反之则下降速度慢。在排水初期，排水沟（管）附近的地下水下降速度快，远离排水沟（管）地域的地下水下降速度慢。

（二）田间排水系统

1. 田间排水沟的深度和间距

对于旱田，在降雨过程中，如果降雨强度超过了土壤的允许入渗速度，则将形成地面积水，由于田面往往具有一定的坡降，水层将沿田面向下流动。田块首端汇流面积小，因而水层厚度小，下游随着汇流面积的增大，径流量也不断增加。因此，距离田块首端愈远，水层厚度也愈大。在地面作物覆盖、耕作方法、地面平整情况和地面坡降相同的情况下，田块长度愈大，下端水层愈厚，亦即淹水深度愈大。在降雨停止后，排除这一层水所需的时间也愈久，淹水历时也愈长。为了减少淹水深度和淹水时间，保证作物正常生长，就必须开挖田间排水沟，减少水流的长度，加速地面径流的排除。排水沟间距愈小，则水流长度愈短，淹水深度愈小，淹水历时愈短。排水沟对地面水层的调节作用如图 3－5 所示，增开中间的田间排水沟，不仅减少了田块尾端水层深度，同时也缩短了淹水时间。根据山东省齐河的观测资料（郭元裕，1986），当降雨量为 116mm，降

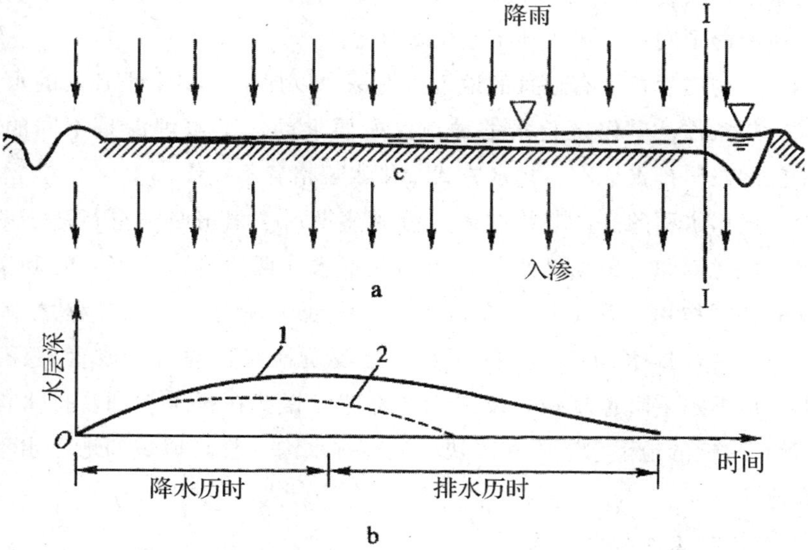

图 3－5　排水沟对地面水层的调节作用

雨历时 4h，在农田土质为重壤和黏土的条件下，若田间排水沟（垂直于农沟）的深度为 0.8～1m，间距分别为 30m、100m 和 400m，则地面淹水时间分别为 3～4h、10～14h、3～4h。田间排水工程可以缩短淹水时间，从而可以减少地面水渗入地下的水量，有利于防止农田受渍。

田间排水沟是排水系统中的末级固定排水沟，排水沟间距的大小直接影响到农田排水效果的好坏，排水沟的间距愈小，排水效果愈好。排水沟间距太小，一是占地太多；二是将田块分得太小，机耕作业效率低。相反，如排水沟的间距过大，则达不到除涝排水要求，影响作物的正常生长。田间排涝沟的间距取决于降雨条件（雨强、降雨历时等）、土壤的入渗能力及蓄水能力、田间径流的形成过程、作物的耐淹水深及耐淹时间等因素，其中的部分因素还相互作用、相互影响，因此，末级固定排水沟的间距，要根据田间作业对田块的要求，结合田间灌溉渠道的规划布置，采用实验或数值模拟等手段来确定。一般北方地区排涝农沟的间距多为 200～400m；南方地区农沟间距多为 100～200m。单纯排涝用的农沟深度一般为 1.0m 左右。

2. 田间排水系统的布置

田间排水系统，一般是指末级固定沟（农沟）所控制的条田内部沟系。农沟就是条田的一个长边，另一个长边是农渠。平原地区条田的尺寸和形状，直接影响着机械化作业效率。所以它的长度和宽度必须满足机耕、机播和机械收割的要求。在我国北方地区规划布置时首先要考虑除涝、防渍和改良盐碱地的要求。易遭受渍害及土壤盐碱化的地区，条田应采用较小的田面宽度。北方平原地区的条田长度一般约 400～800m，宽度在满足除涝、防渍和改碱要求的前提下，按当地实际的农业机械宽度的双倍数来定。

由于各地区的自然条件不同，田间排水系统的组成和布置也有很大差别，必须根据具体情况，因地制宜进行规划布置。现就平原和圩区常见的田间排水系统布置形式介绍如下：

（1）灌排相邻布置。在单一坡向地形，灌排一致的地区，灌溉渠道和排水沟一般是相邻布置。

（2）灌排相间布置。在地形平坦或有一定波浪状微起伏的地区，灌溉渠道布置在高处，向两侧灌水，排水沟布置在低处，承受两侧来水。

（3）灌排合一。在沿江滨湖的圩垸水稻地区为了节省土地和工程量，常把末级固定排水沟和末级固定灌溉渠道合为一条。北方地区也有这么布置的。实践证明，这种布置形式不利于控制地下水位，特别是在低洼易涝盐碱地区，地下水位降不到临界深度以下，往往会招致次生盐碱化。这种形式一般不宜采用。

（4）沟、渠、路、林的配置形式。田间排水系统布置涉及灌溉、交通、林网、输电线路以及居民点等整体规划布局，必须因地制宜，抓住主要矛盾，全面规划，统筹安排。例如地势低洼的平原地区，主要矛盾是排涝，必须首先考虑排水系统的布置，以排水系统为基础，再结合布置灌溉系统、农村道路和林网等。同时要注意少占耕地和节省工程量。沟、渠、路、林配置应做到有利于排灌，有利于机耕，有利于运输，有利于田间管理，不影响田间作物光照。

（三）排水沟道系统

1. 明沟排水

无论是排渍，还是防止土壤盐碱化、改良盐碱土，都必须控制地下水位。明沟排水就可以很好地控制地下水位。

（1）排水沟深度和间距

对于控制一定地下水位要求的农田排水系统而言，排水沟深度与间距存在着一定的关系，两者互为消长。在同一排水沟深度的情况下，排水沟的间距愈小，地下水位下降速度愈快，在一定时间内地下水位的下降值愈大；反之，排水沟的间距愈大，地下水位下降愈慢，在规定时间内地下水位的下降值也愈小，地下水位下降愈慢。在允许的时间内要求达到的地下水埋藏深度一定时，排水沟的间距愈大，需要的深度也愈大；反之排水沟的间距愈小，要求的深度也愈小，如图 3—6 所示。同时在一定排水沟深度条件下，满足地下水埋深要求的排水沟间距与排水农田的土壤质地、含水层的特征有关。实际观测资料表明，在一定的排水沟深的条件下，要求的排水沟间距与土层的导压系数（为土壤的渗透系数，为含水层平均厚度，为土壤的给水度）有着十分密切的关系。值愈大，排水沟的间距可愈大，亦即土壤渗透系数愈大，含水层厚度愈大，土壤给水度愈小，满足一定地下水位控制要求的排水沟间距可愈大；反之，土壤渗水性愈差（土壤愈黏重），含水层厚度愈小，土壤给水度愈大，排水沟间距愈小。在满足一定排水要求的排水沟深度和间距之间存在着密切的关系。

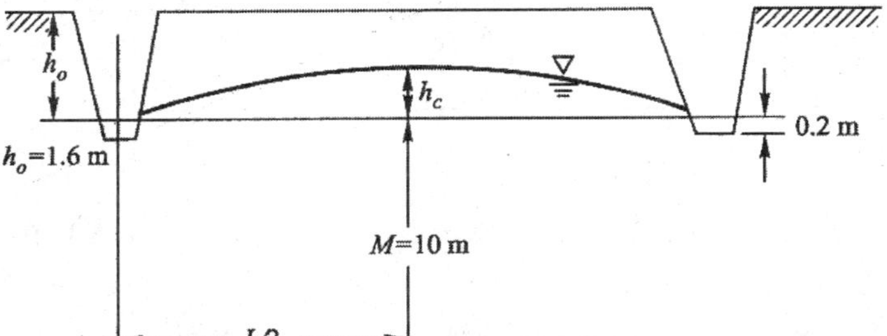

图 3—6 明沟排水示意图

设计排水农沟时，一般首先根据作物要求的地下水埋深、排水农沟边坡稳定条件、施工难易等，初步确定排水农沟的深度，然后再确定相应的间距。

当作物允许的地下水埋深 ΔH 一定时，排水农沟的深度（D）

可用下式表示：

$$D=\Delta H+\Delta h+S \qquad \text{式（3－5）}$$

式中：ΔH 为作物要求的地下水埋深（m）；Δh 为当两沟之间中心点的地下水位至 ΔH 时，地下水位与沟水位之差。此值视农田土质与沟的间距而定，一般不小于 0.2～0.3m；S 为排水农沟中的水深，排地下水时沟内水深很浅，一般取 0.1～0.2m。

排水农沟的间距，应通过试验或参照当地或相似地区的实践经验加以确定。表 3－12 是根据我国一些地区试验资料分析统计，列出的不同土质、不同沟深时需满足旱作物控制地下水位要求的排水沟间距的大致范围。

表 3－12　末级固定排水沟间距与沟深经验值

沟深 /m　间距/m	轻壤土、沙壤土	中壤土	黏土、重壤土
1.0～1.3	50～70	35～50	20～30
1.3～1.5	70～100	50～70	30～50
1.5～1.8	100～150	70～100	50～70
1.8～2.3	150～200	100～150	70～100

水田地区排水农沟的深度，一般为 0.8～1.5m，旱作地区的沟深为 1.5～2.0m。而沟的间距则一般在 60～200m 范围内，视土壤质地而异。

在盐碱化地区，排水沟的深度和间距，不仅要满足控制和降低地下水位的要求，而且要能达到脱盐和改良盐碱土的预期效果。在冲洗改良阶段，为了加速土壤脱盐，可采用深浅沟相结合的办法。在深沟控制地段，加设深 1m 左右的临时性浅沟（毛排），待土壤脱盐后再行填平。

（2）明沟排水系统的布置与结构

明沟排水可以降低和控制地下水位，且其投资较低，因而被广泛应用于生产实际。其主要特点是：占地多、不利于机耕和交通、沟道维护费时费工。

①明沟排水系统的组成与布置

明沟排水系统由田间排水沟网、输水沟道和容泄区等部分组成，在非自流排水区还需设抽水站。农田中多余的水经由田间排水沟网汇集流入输水沟道，输水沟道分为斗沟、支沟和干沟等若干级，水流在输水沟道内逐级下泄最后经排水口排入容泄区。田间排水系统应与灌溉系统结合布置，遵循因地制宜的原则。

田间排水沟通常是指农沟，它是最末一级固定沟道，而农沟及其下级的毛沟（临时排水沟）被统称为田间排水沟网。

在易旱易涝易碱地区，如防止土壤次生盐碱化的任务由斗、支沟负担，则田间渠系仅负担灌溉和除涝的任务。在地下水埋深较大，无控制地下水位和防渍要求时，或虽有控制地下水位的任务，但由于土质较轻，要求排水沟间距在 200～300m 以上时，排除地面水和控制地下水的排水农沟可以结合使用。在这些情况下，农田内部的排水沟主要起除涝（排除地面水）的作用，田间灌排渠系可以全部（即毛渠、输水垄沟）或部分（即输水垄沟）结合使用。

在土质比较黏重的易旱易涝地区，控制地下水位（防渍）要求的排水沟间距较小。因此，除排水农沟外，在农田内部尚需有 1～2 级田间排水沟。

如要求控制地下水位的末级排水沟间距为 100～150m，则在田间可以仅设毛沟。农沟及毛沟均应起控制地下水位的作用，毛沟深度一般至少为 1.0～1.2m，农沟则应在 1.2～1.5m 以上。由于田块为排水毛沟分割，条田宽度减小，机耕时拖拉机行进方向应平行毛沟。为了加速地面径流的排除，毛沟应大致平行等高线布置。

如要求的末级排水沟间距在 30～50m 以下，则在农田内部采用两级排水沟（毛沟、小沟）。末级田间排水沟应大致平行等高线布置，以利于地表径流的排除。如末级排水沟要求的深度较大，不便机耕，则有条件的地区应采用暗沟排水系统。

与灌溉渠道一样，输水沟道系统也分为干沟、支沟和斗沟等若干级，从农沟排出的水汇入斗沟后，再经过支沟和干沟逐级下泄，最后排泄到容泄区。在平原地区，输水沟道要求能够实现综合利用，不仅排涝，也要临时蓄涝，排蓄结合，以满足灌溉、养殖和通航的需要，减少排水工程量。为此输水沟道不仅要沟网化，而且沟中水位要适宜。输水沟道河网化的具体做法是：开挖纵横交错的人工河道，使之与天然河流、湖泊连接，构成相互连通的河网，并按地形的高低分片分段建闸以控制水流和水位，这在我国南方地区相当普遍。

容泄区一般是指排水区外部的容纳排水区泄水的河流、湖泊和洼地等，对于 河网化的输水沟道来说，其本身也是容泄区，它既可容纳部分余水，又能把余水输送到外部的容泄区去。而在一些封闭洼地或洪水河道包围的低地，容泄区的水位高于输水沟道水位而不能自流排水时，则要采用机械排水，此种情况下，原则上应依地形条件进行高低分片，分别采用自流排水和机械排水，高水高排，低水低排。

②排水沟道的纵横断面设计

当排水沟道系统规划布置完毕且设计流量及设计水位确定后，即可进行排水沟道的纵横断面设计。排水沟断面通常按明渠均匀流进行设计。

排水沟的比降：各级排水沟道的比降主要取决于排水沟沿线的地形和地质条件，一般要求沟道比降与沟道沿线的地面坡度相近，以减小开挖工程量，同时还应满足沟道不冲不淤的要求。排水沟道的比降一般要比灌溉渠道坡度大，平原地区可参照以下范围选择：干沟，1∶6000～1∶20000；支沟，1∶4000～1∶10000；斗沟，

1∶2000～1∶5000。

排水沟道的边坡系数：沟道的边坡系数主要与沟道的土壤质地和沟深有关，土壤质地越沙、沟道越深，采用的边坡系数应越大，反之应越小。另外，由于有地下水透过坡面汇入沟道、坡面径流冲刷及沟内滞涝蓄水波浪侵蚀等原因，排水沟容易坍塌，所以排水沟的边坡一般比灌溉渠道边坡平缓。表3－13所列沟道边坡系数可供设计时参考。

表3—13　平原地区排水沟道边坡系数表

土壤质地	边坡系数		
	挖深<1.5m	挖深1.5～3.0m	挖深>3.0m
沙土	2.0～2.5	2.5～3.0	3～4
沙壤土	1.5～2.0	2.0～2.5	2.5～3.0
壤土或黏土	1.0～1.5	1.5～2.0	2.0～2.5

排水沟道的糙率：由于排水沟内常年有水，沟坡湿润，容易滋生杂草，且养护管理情况一般也较灌溉渠道差，所以进行纵横断面设计时应选择较大糙率，通常取值为0.025～0.03。

排水沟的不冲、不淤流速：和灌溉渠道的设计一样，为了防止淤积和长草，排水沟道纵横断面设计的最小流速（即不淤流速）一般采用0.2～0.3m/s，不冲流速主要取决于土壤质地，可根据当地实测资料选取。

另外，在排水沟的纵横断面设计中，要遵循沟道的最高水位一般要低于地面0.2～0.3m以上；下级沟道沟底不得高于上级沟道沟底；同时上下级沟道衔接处要有一定的水位落差（一般为0.1～0.2m）等原则。

2. 暗管（沟）排水

暗管（沟）排水是通过埋设地下暗管（沟）系统，排除土壤多余水分，降低地下水位，调节土壤中水、肥、气、热状况，为作物生长创造良好环境条件。

(1) 暗管(沟)排水的特点

暗管(沟)排水的特点是排得快，降得深。与明沟排水比较，具有工程量小，地面建筑物少，土地利用率高，有利于交通和田间机械化作业等优点，并可避免因沟坡坍塌，沟深不易保持等缺陷。与竖井排水相比，暗管排水的优点是能有效地解决水平不透水隔层排水问题。同时在自然地形许可的地区，可自流排水，节省能源。

(2) 暗管(沟)的种类

常见的暗管(沟)种类包括瓦管、灰土管、水泥土管、混凝土管、陶瓷管、波纹塑料管、土暗沟和鼠洞等，其结构形式如图 3－7 所示。

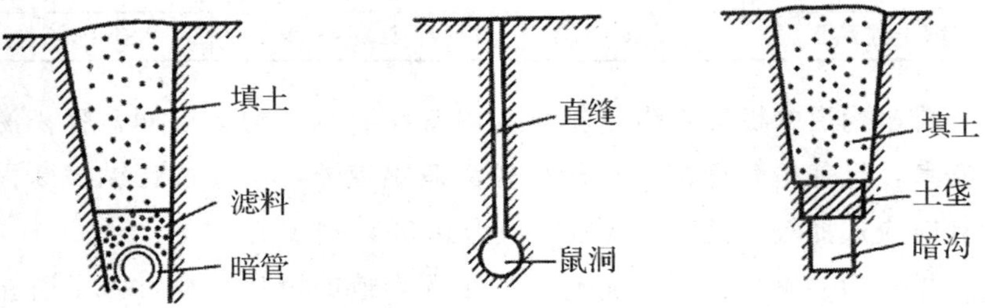

图 3－7 暗管(沟)排水结构形式

①瓦管：瓦管的优点是可以就地取材，施工技术群众容易掌握，造价低；缺点是使用年限短。瓦管是我国很早就广泛采用的一种暗管。它是用普通黏土烧制而成，一般为内圆外方，内径 5～8cm，外断面 12cm×14cm，每节长 30～60cm。

②灰土管：用石灰和黏土按一定的体积比，做成一定的内径、一定的长度如马蹄形或内圆外方的管子。管顶留有孔眼可以进水，亦可靠接缝处预留缝隙进水。

③水泥土管：将黏土、沙、水泥按一定的重量比，加适量的水

制成与灰土管类似的暗管。

④混凝土管：混凝土管的种类很多，有用作排水管的无砂混凝土管（亦称多孔混凝土管），带孔的水泥砂浆管（亦称薄壁管），石棉水泥管；也有用作集水输水的普通混凝土管。混凝土管的缺点是重量大，运输易损坏，在高矿化度地下水中耐腐蚀性差，造价高。

⑤陶瓷管：类似于城市下水道用的承插头连接的陶瓷管，管壁上每间隔 20cm 设孔径 1cm 的进水孔，排成梅花状；管壁厚 2cm，内径可达 20cm，每节管长 1m。其特点是使用年限较久，但造价较高。

⑥波纹塑料管：塑料管是 20 世纪中叶发展起来的一种新型排水暗管。由于它质轻、耐用、便于机械化施工，所以发展很快。目前美国、日本等国塑料管排水面积占暗管排水面积的 50%以上，原联邦德国、比利时占到 65%，荷兰占 79%。我国目前也已广泛采用塑料暗管排水这种新技术。塑料管按材料分为聚乙烯（PE）管和聚氯乙烯（PVC）管两种。

⑦土暗沟：具体做法是在稻田收割后土层比较湿润时，用大锹沿耕作方向按 4～8m 间距先开挖 8 寸宽、8 寸深的土沟，出土成垡，沟底铲平后，再用一种特制的宽 2 寸、长 12 寸左右的开沟锹，在土沟中间挖一条深沟，开成后上盖 8 寸宽带稻草茬的硬土（稻草茬向下），然后再覆以碎土，轻轻夯实，填平即成，一般可以维持 1～2 年。

⑧鼠洞：鼠洞是用人力绞车、拖拉机或电动绳索牵引机带动的打洞器，在田面以下一定的深度打出像鼠穴一样的孔洞，用以排水。开挖鼠洞不占地，费用小，省工省料。鼠洞的深度不宜小于 0.4m，一般为 0.8m，以免在农业耕作时被拖拉机压坏。鼠洞洞身一般与田块的长边方向平行，每隔 4～5m 开一条，鼠洞出口通到排水沟内。鼠洞可以稻麦田两用，如果加强管理，不被泥浆倒灌淤塞，打一次可用 3～5 年。鼠洞在土质黏重的地区比较适用，在粉沙土和沙土地

区则容易淤塞。

（3）暗管（沟）的布置形式

田间暗管排水系统，一般仅在田间一级采用集水暗管，泄水则采用明沟。也有部分地区采用集水、泄水两级暗管。目前，南方一些地区田块一般宽 12～30m，长 80～100m，每个田块布设 1～2 条暗管，大的田块可布设三条暗管。

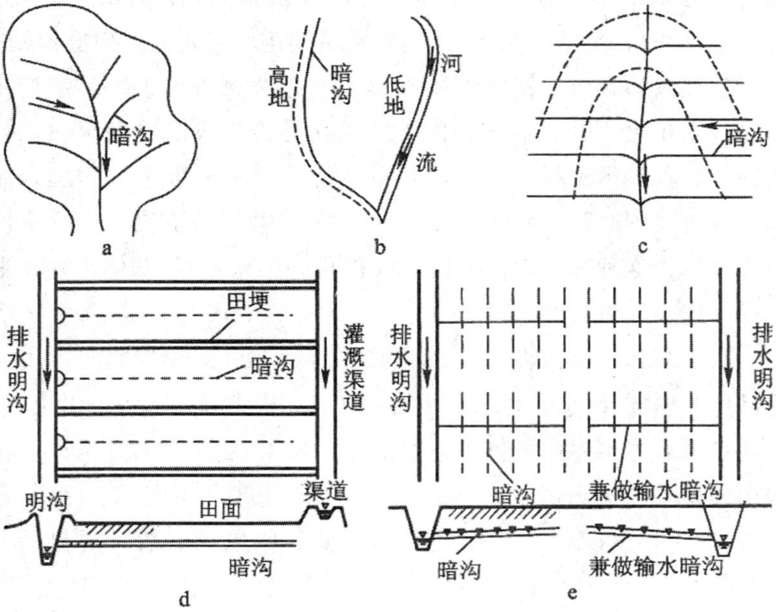

图 3－8　暗管（沟）布置示意图

暗管（沟）的布置形式应根据排水农田的地形、涝渍程度、雨量和土壤质地等确定，其基本形式如图 3－8 所示，其中：a 形式主要用于地形低洼的地块；b 形式适用于一侧与高地邻接、自高地有水渗入的地形地块；c 形式适用于两侧向中间倾斜、中间低且地形狭长的地形地块；d 形式和 e 形式适用于平地或水田。实践证明，在缓坡地上暗管（沟）沿等高线布置（近于平行，应满足坡降要求）的排水效果好于垂直等高线布置；另外，对于像d形式那样的暗沟布设，伸向灌溉渠道一端一般要距灌渠5～6m，端口应封闭以防渠水通过暗管流失和暗管被淤积，与排水明沟相连一端的暗管（沟）出水口要安装控制闸门，有效地调节土壤水分。

暗管（沟）的埋设深度和间距除与土地条件有关外，还因暗管（沟）的种类不同而异，暗管（沟）的坡降多取1∶1000～3∶1000，一般不宜过长。

（4）暗管（沟）的施工与维护

暗管（沟）铺设施工有机械铺设和人工埋设两种方法。一般来说，埋设暗管有放样、开挖、铺设和回填几个步骤。在明沟和暗管（沟）排水配合使用地区，先修明沟再开始暗管（沟）施工，在地下水位高的地块上还要先修临时排水沟以降低地下水位，便于施工。暗管铺设开挖土方的顺序是先出水口端，后末端，而铺管的顺序则相反，这样做的目的是为了减少地下水位高、沟中积水带来的不便。排水管铺设过程中要尽可能保证沟管平直，确保符合设计要求。若沟底基础软弱要用砂石铺垫。铺设暗管时，在暗管的周围要均匀地垫上适当厚度的稻壳、秸秆和砂石等物，形成过滤层以防止泥沙侵入淤塞暗管。回填过程亦应注意表土复原以减少对土壤肥力的影响。

暗管（沟）排水最易出现的问题是管道及排水口堵塞（埋没），因此，管道清淤保养工作是重要的。清淤的做法各不相同，常用的有：关闭暗管闸门，待沟管内充满水后再开启闸门，靠流速较快的水流冲洗，或用喷射高压水流冲洗等方法。清淤工作每年至少应进行两次。

（四）竖井排水

竖井排水是一种通过布设井群，抽汲地下水，以控制地下水位的工程技术措施。竖井排水可形成区域性大面积地下水位下降，从而防治灌溉土地次生盐碱化或排除高矿化度地下水，也可用于改造浅层咸水含水层。

1. 竖井排水的作用

(1) 降低地下水位，防止土壤返盐

在井灌井排或竖井排水过程中，由于水井自地下水含水层中吸取了一定的水量，在水井附近和井灌井排地区内地下水位将随水量的排出而不断降低。地下水位的降低值一般包括两部分：一部分是由于水井（或井群）长期抽水，地下水补给不及，消耗一部分地下水储量，在抽水区内外产生一个地下水位下降漏斗而形成的，称为静水位降。另一部分是由于地下水向水井汇集过程中发生水头损失而产生的。距抽水井愈近，其数值愈大，在水井附近达到最大值，此值一般在3～6m以上。在水井抽水过程中形成的总水位降称为动水位降。

由于水井的排水作用，增加了地下水人工排泄。地下水位的显著降低，有效地增加了地下水埋深，减少了地下水的蒸发，因而可以起到防止土壤返盐的作用。

(2) 腾空地下库容用以除涝防渍

干旱季节，结合井灌抽取地下水，不仅可以防止土壤返盐，同时由于开发利用地下水，使汛前地下水位达到年内最低值，这样就可以腾空含水层中的土壤容积，供汛期存蓄入渗雨水之用。地下水位的降低，可以增加土壤蓄水能力和降雨的入渗速度。由于降雨时大量雨水渗入地下，因而可以防止田面积水形成淹涝和地下水位过高造成土壤过湿，达到除涝防渍的目的。同时，还可以增加地下水提供的灌溉水量。

(3) 促进土壤脱盐和地下水淡化

竖井排水在水井影响范围内形成较深的地下水位下降漏斗。地下水位的下降，可以增加田面的入渗速度，因而为土壤的脱盐创造了有利条件。在有灌溉水源的情况下，利用淡水压盐可以取得良好的效果。例如，根据青海省德令哈农场尕海分场冲洗排水试验资料，在竖井排水影响范围内，硫酸盐氯化物盐渍土经冲洗后，0～30cm土层脱盐率为81.5％～84.4％，0～100cm土层脱盐率为66.3％～77.5％。而无竖井地区冲洗后0～30cm脱盐率为36.3％～40.9％，0～100cm脱盐率为25％～30％，约为竖井排水地区的1/3。

在地下咸水地区，如有地面淡水补给或沟渠侧渗补给，则随着含盐地下水的不断排除，地下水将逐步淡化。试验表明，在抽排的咸水水量较大，能够保证地下水位下降一定深度，并有淡水及时补给的情况下，一般都可以取得较好的淡化效果。例如河北省水利专科学校在校办农场（面积85亩）进行抽咸换淡试验，利用真空井抽咸，利用灌水和雨水补淡。在1974和1975年两年中平均每亩共抽排咸水1368m^3，灌淡水1244m^3。由于抽咸补淡的水量均较大，地下水发生了显著淡化，咸水改造前表层（2m）地下水矿化度为3.8～9.9g/L，1975年已降至0.48～1.04g/L。

竖井排水除可形成较大降深，有效地控制地下水位外，还具有减少田间排水系统和土地平整的土方工程量、占地少和便于机耕等优点、但竖井排水需消耗能源，运行管理费用较高，且需要有适宜的水文地质条件，在地表土层渗透系数过小或下部承压水压力过高时，均难以达到预期的排水效果。

2. 竖井排水的特点

竖井在运行中需要动力，如果排除的地下水是不能利用的高矿化度咸水，还必须修筑专门的输水沟道将咸水送至排水容泄区。竖井排水系统不需要修建大量的排水沟系和田间工程，占用耕地少，且能有效地较大幅度地调控地下水位。

排水竖井的井型多为管井，其结构形式与农田灌溉用水井基本相同。对于以排除地下咸水为主要目的的水井，其过滤管段（花管）

必须严格控制在咸水含水层段内，其他部分的管段为实管。在施工时，要采取措施严格封闭咸水层段，以免咸水污染其他含水层。

布置排水竖井的井深，视含水层（或透水性良好的土层）的厚度而定。若含水层较薄，竖井应穿透整个含水层，装设成完整井；若含水层较厚，则应穿透部分含水层，装设成非完整井。排水竖井的间距，应根据地下水位的控制要求、水文地质条件、成井工艺及提水设备等因素确定。在水文地质条件差异不大、排水要求基本相同的地方，排水井可均匀布设。水文地质条件复杂时，井距应通过现场试验确定。

3. 竖井的规划布置

（1）合理的井深和井型结构

为了使水井起到灌溉、除涝、防渍、改碱、防止土壤次生盐碱化和淡化地下水的作用，每个水井必须有较大的出水量。为了增加降雨和灌水的入渗量，提高压盐的效率，并在表层形成一定的地下水库，在保证水井能自含水层中抽出较多水量的同时，还应使潜水位有较大的降深。为此，在水井规划设计中必须根据各地不同的水文地质条件，选取合理的井深和井型结构。

在浅层有较好的沙层或虽无良好的沙层，但土壤透水性较好（例如裂隙黏土等）的情况下可以打浅机井或真空井，井管自上而下全部采用滤水管，在这种情况下，一般可以保证有一定的出水量和潜水位降深。

沙层埋深在地表以下一定深度，但沙层无明显的隔水层时，为了使单井保持一定的出水量，水井可打至含水沙层，抽水时虽然出水量的一部分来自下部沙层，但由于上部土层无明显的隔水作用，大面积抽水时潜水位也可随之下降，因此，可以保证形成一定的潜水位降深和浅层地下库容，有利于承受上部来水、促进土壤脱盐和地下水的淡化。

上部土层透水性较差，且在相当深度内又无良好沙层时，为了保证水井有较大的出水量和地下水位有较大的降深，必须选取适当的井型结构，如大口井、大骨料井、辐射井、梅花井（群井点）和卧管井等。

（2）水井的规划布置

担负排水任务的水井，其规划布局应视地区自然特点、水利条件和水井的任务而定。在有地面水灌溉水源并实行井渠结合的地区，井灌井排的任务是保证灌溉用水，控制地下水位，除涝防渍，并防止土壤次生盐碱化。在这种情况下，井的间距一方面决定于单井出水量所能控制的灌溉面积，另一方面也决定于单井控制地下水位的要求。在利用竖井单纯排水地区，井的间距则主要决定于控制地下水位的要求。

竖井在平面上一般多按等边三角形或正方形布置。由单井的有效控制面积可求得单井有效控制半径 R 和井距 L。井渠应结合灌溉渠系进行布置。

4. 竖井排水的应用

适宜于具有较好透水性土层的排水地区采用。如果排水地区土层透水性差，单井出水量低，是否采用这种排水形式要通过技术经济比较才能确定。

在同时受旱、涝、碱威胁的地区，如果浅层地下水质符合灌溉要求，则排水井网抽出的地下水可同时（或部分）供灌溉之用（常称之为井灌井排），一方面解决了农田用水，同时又腾空地下库容，在雨季时承纳降雨，减少地面径流，减轻洪、涝、渍的威胁。

在受次生盐碱化威胁的轻沙壤质土地区，开挖排水明沟难以保持断面稳定，排水深度往往达不到设计要求，防治土地次生盐碱化的作用不明显，采取竖井排水能较好地解决这一问题。美国、巴基斯坦以及中国的一些灌区，实行井灌井排后，灌溉土地次生盐碱化基本上得到控制。

在地下水矿化度过高的滨海地区，为了改良盐碱土和对咸水含水层进行改造，可采用竖井排水系统将高矿化度地下水抽出，腾空含水层，承纳天然降雨。条件许可时，采用人工回灌方法引灌淡水，逐步将含水层改造为可供开采的淡水含水层。

（五）排水容泄区

排水容泄区是指位于排水区域以外，能容纳排水系统排出水量的河流、湖泊或海洋等。容泄区的规划设计是排水系统规划设计的重要组成部分，往往因无适当的排水出路，使一个地区的排水计划难以实施。一个地区排水出口的排出流量有时要受到下游区通过能力的限制，会因此引起上下游之间的排水纠纷，所以在进行一个大型排水工程的规划设计时，应同时研究和分析因该地区排水计划的实施而引起容泄区周围的农田淹没、河床淤积、河岸冲毁或造成容泄区附近的生态环境恶化等不利影响。所以，对容泄区的规划和整治应与排水工程的规划与实施同步进行。

1. 容泄区的整治内容

（1）疏浚排洪通道，清除障碍，以提高蓄洪能力。对于天然排洪能力低的弯曲沟道，常结合整治和疏浚，或裁弯取直工程以增加排洪能力。

（2）加固容泄区排洪道两岸堤防，提高防洪标准。为保证拦洪堤的安全，应在堤外面有一定的滩地，这样一方面可增加排洪断面，另一方面可保证堤基安全。

（3）整治容泄区内的天然水系，打通出流通道。治理湖泊、洼地，提高滞洪能力。对湖区的围垦进行规划和管理，防止乱围和过度围垦，保证湖区的蓄涝能力。

2. 排水出口枢纽位置的选定

因排水出口是排水区域地面水和地下水的汇集地，所以往往多位于地形的最低部位。当排水沟区域的地形高差变化较大时，为了高水高排和分片排水，也可以有多个排水出口。在地形低洼处修建排水出口工程，首先要研究附近河岸的稳定性、排水出口附近的泥沙淤积和冲刷的可能性；其次是排水出口处的地基承载能力及相应的处理措施。排水出口地段的整治工程措施包括下列内容：

（1）加固排水出口处附近的堤防，防止风浪海潮的冲刷，有时需修建导流堤、护岸工程等。

（2）对排水出口处的水道、河床、滩地等的整治工程。

（六）排水沟塌坡的原因及防治

1. 排水沟塌坡的原因

排水工程使用过程中，常会发生各种不同程度的变形毁坏，主要是边坡的坍塌淤积。其原因有自然形成和人为造成两个方面，即投入使用后由于沟床土壤沉陷，杂草滋生，低温冻胀消融，排水沟水流冲刷，泥沙淤积等因素引起变形；有的则由于运行过程中人为的堵塞、拦截、破坏等原因。

2. 排水沟塌坡的防治

（1）调整边坡。根据当地土壤质地及地下水位情况，适当削坡放缓以提高边坡的稳定性。

（2）减轻沟顶的载重量。如沟坡的坍塌是由于沟堤载重过大造成的，应将沟顶弃土堆物用人工或推土机运送到距沟边 15～20m 以外，或结合附近平田整地将弃土填于低凹地区。

（3）沟堤护坡。沿排水沟两岸修筑小土埂，拦截地面径流和田面跑水对排水沟造成的冲刷坍塌，在排水沟最大排水位以上种草护坡，沟外坡种柳，以巩固沟堤，减少坍塌。

3. 排水系统的管护

（1）健全管理组织，建立和落实管护责任制，加强巡视和经常性的养护维修工作。

（2）制订岁修计划，对各级沟道进行整修，防冲、清淤、清除杂草和灌木。

（3）每隔3～5年制订大修计划，对严重损坏的建筑物进行彻底修复，恢复其功能。

（4）系统收集、整理、分析地下水盐动态资料，这是评价排水系统是否正常工作的重要手段，可从中发现问题、找出规律，为排水系统的管理运用提供科学依据。

四、灌溉与排水系统的管理

（一）灌排系统管理的意义

现代灌溉农业的效益在很大程度上取决于灌排系统管理的好坏。不论灌溉面积大小或渠系建筑物怎样精致，若灌溉用水管理仍停留在粗放型的水平上，那么灌溉农业仍是低效的。可以看到，有些地区由于缺乏科学的、有效的灌排系统管理，灌溉发展的过程中却伴随着人们所意料不到的负效益，如引起地下水位逐年上升，从而使灌区洼地逐步出现渍涝危害并引发出土壤的次生盐碱化，造成农业生产力下降，生态环境恶化；排水中的化肥、农药和其他农业化学物的扩散而影响水质和水环境等。

实践证明，要保证灌溉工程效益长盛不衰并不断发展，就必须大力加强灌排管理工作，不断提高管理水平，做到科学用水，计划用水，节约用水。并结合产业结构调整与灌区管理体制的改革，把发展高产、优质、高效农业与灌排工程设施的配套、更新、改造、扩建结合起来，切实克服粗放管理的弊病，从根本上解决灌排工程效益衰减的问题。搞好灌溉管理，不仅要掌握先进的科学技术和管理方法，而且要随着形势的发展建立起适合我国社会主义市场经济的管理体制，并通过有偿服务和综合经营，不断壮大水利管理单位的经济实力，使灌区较快地走上自我维持、良性运行的轨道。

（二）灌排系统管理的内容

结合我国国情并参照国外经验，灌排系统管理应包括以下五个方面内容。

1．组织管理

灌区管理组织，应实行按渠系统一管理、分段负责的原则，采取专业管理机构和群众性管理组织相结合的办法，建立和健全专业管理、民主管理和群众管理三套组织管理系统。

灌区的专业管理机构在全灌区的管理工作中起着关键作用。其主要职责是：贯彻执行水法和有关方针、政策，上级有关部门的指示，灌区代表大会和管理委员会的决议；做好工程管理、用水管理、经营管理，与有关部门配合，进行灌溉土地、农业与环境管理；协助建立健全灌区内的群众性管理组织，并指导其开展管理工作。

灌区民主管理的组织机构是灌区代表大会及灌区管理委员会。代表大会定期召开，平时由管理委员会开展工作。代表大会与管理委员会的职责是：审查灌区专业管理单位的工作计划和总结，制定和修改本灌区灌溉管理规章制度，研究管理工作中的重大问题。

对于乡、村等群众管理的渠系，在专管机构指导下，建立群众管理组织。这类组织由段长、斗长（看水员）和段、斗技术员、巡渠养护专业队、浇地队（放水员）等组成，采取与当地农业生产责任制相适应的形式（如股份合作制、租赁、用水者协会等不同承包经营方式）负责本渠段范围内的管理工作。

2．工程管理

包括水源工程、渠系工程以及田间工程的检查、观测、养护、维修、配套、改建、扩建、续建以及重要工程防汛、抢险等工作。亦包括灌区范围内排水系统的工程管理以及在土壤改良、水土保持等工程措施的管理工作。只有做好工程管理工作，才能确保工程安全和运用正常，才有可能进行科学的用水管理和充分地发挥工程效益。灌排工程设施常因使用时间过长，出现设施“老化”现象，需要及时更新改造，否则将影响工程安全和正常运行。因此加强工程的维护和更新改造已成为工程管理中的一项重要任务。

3. 用水管理

灌溉用水管理主要指灌溉水量、流量和灌水时间的合理分配，计划用水及合理灌排等。它对充分发挥灌排工程效益，有效地利用灌溉水源，提高灌水质量和效率，促进农业稳产高产起着重要作用。灌溉用水管理是灌排系统管理的主要内容，它同灌区组织管理，工程管理，经营管理与环境管理等紧密结合，相互配合，共同完成灌区灌排系统管理的任务。

4. 经营管理

灌区专业管理单位的经营管理工作包括以下内容：推行经济核算和各种不同形式的岗位责任制；充分利用灌区管理范围内的水土资源、技术、人力和设备的优势，挖掘潜力，因地制宜地发展水（水产）、农（农、林、畜牧、养殖）、工（工副业）、商、旅游等多种经营项目，扩大水利工程的综合效益，增加收入，创造财富；组织进行灌区绿化工程；水费核算和水费计收；健全财务制度，作好财务、会计工作和各项统计工作；进行职工的减员增效、分流、培训、再上岗，切实落实定编定员的岗位责任制以及农民管理员、灌水员的培训工作等。

5. 环境管理

包括灌区土地环境、农业环境、水利环境和生活环境的管理。这方面管理亦是达到灌排系统管理目标所必需的。忽视它将难以充分发挥和巩固灌溉的效益，甚至会造成土质恶化、农业产量降低、水质和卫生条件恶化的后果。土地环境管理包括土地利用布局的调整、田园化建设、土壤改良（防涝、排渍、改良各类低产田）等。灌溉农业环境管理要与农业部门协作，改进作物布局和种植模式，改良作物品种，改进耕作技术和施肥方法等。水利环境管理，主要在于结合农田改良和道路、林网的建设，结合水质管理与供水工程的建设，改善农村的居住环境、饮水条件和卫生条件等。

第四章 农村饮水工程

一、概述

农村饮水工程是一项为农民生活服务的主要公用事业，是农村现代化的重要指标之一。农村饮水工程的主要任务，是为了经济合理、安全可靠地供应人们生活所需要的水，并满足人们对水量、水质和水压的要求，方便居民生活，改善农村环境，为提高人民生活水平服务。

在我国广大的农村地区，饮用水安全目前仍然是个严峻的问题。过去，我们一直把环保工作重点放在大中城市，而忽视了占全国总面积近90%的广大农村，从而致使农村环境问题日益恶化，而水污染环境问题尤为突出，呈现出迅速恶化趋势。如：地表水体污染严重，地下水质日益恶化等。据相关部门测算，全国农村每年生活垃圾产生量约为2.8亿吨，生活污水约90亿吨，人粪尿年产生量2.6亿吨，绝大多数没有处理；在饮用水方面，全国9亿多农村人口中，仍有3亿多饮水达不到安全标准，其中约6300万人饮用高氟水，200万人饮用高砷水，3800多万人饮用苦咸水，1.9亿人饮用水有害物质含量超标，血吸虫病区约1100万人饮水不安全。

据有关方面调查，目前，我国农村饮用水主要存在的问题是：高氟、高砷、苦咸、污染等水质问题。高氟水主要分布在华北、西北、东北和黄淮海平原地区；高砷水主要存在内蒙古、山西、新疆、宁夏和吉林等省市的局部地区，受影响人口已达几百万人；苦咸水主要分布在北方部分地区和东部沿海地区，农村饮用苦咸水的人口已达4000多万。血吸虫病近几年来呈增长趋势，而且其受灾人口主要集中在长江流域的湖南、湖北、江西、安徽、江苏、四川、云南7省的110个县（市、区），生活在病区的人口约有6000万，重病区主要是江汉平原、洞庭湖区、鄱阳湖区、沿长江的江（湖、洲）滩地区，以及四川、云南的部分山区。血吸虫病区约有1100万人饮水不安全，其中急需新建或改造饮水工程的人口有220多万。

目前影响我国农村饮用水安全的主要因素为我国农村地区缺水和水污染严重，饮用水管理存在问题，主要表现在：一、一些地区的特殊地质、水文条件等自然因素造成高氟水、高砷水、苦咸水等问题。二、一些农村地区饮水井条件简陋，工厂、生活污水无序排放，集中供水率低，给人民群众的身体健康造成恶劣影响，打乱了正常的生产生活秩序。三、农业面源污染日趋严重，造成水体的污染进一步恶化。四、农业固体废弃物未得到合理回收和利用，与生活垃圾一起四处堆放，最终污染水体。五、农村地区群众在意识上相对比较落后，没有意识到污染问题的严重性，再加上农村环境保护法律、法规不健全，农村环保监管力量薄弱，农村饮用水源水质监测空白，以及科技相对落后等一系列问题。

解决农村饮水安全，保障农民能喝上干净的水，已是我们不容忽视的问题。

（一）农村供水的特点

农村人口的生活和生产活动规律、居住状况、卫生设施标准、水资源条件以及经济实力等因素，都与城市人口有所不同，这就决定了农村供水与城市给水相比具有不同的特点。

1. 用水单位众多而分散。一般自然村人口为200～1000人，乡镇所在地居住比较集中，人口可达2000～5000人，山区居民村更为分散，甚至几户为一村。近年来由于乡镇企业的兴起，一些乡镇或集市中心所在地的人口有所增加，但是，超过万人居住的村庄尚不多，各村之间往往相隔一段距离，彼此独立。

2. 用水时间相对集中。农村供水主要是生活用水。农民集居在一起，从事同一性质的生产劳动，因此，生活和生产活动规律比较一致，用水时间相对集中，也比较有规律。农村供水的时间变化系数可达3～6，而城市仅为1.3～2.0。

3. 对供水保证性要求比较低。发生短时间停水所造成的经济损失及对生活的影响都比较小，特别是南方各地居民点大都靠近水源，其原有的简易供水设施可作短期应急给水。

4. 水厂可以间歇运行。农村供水水厂可按二班制运行，不是全天工作。水厂停止供水时，可由水塔等调节构筑物供水，也有的水厂夜间停止供水。

5. 水厂建设标准较低。水厂建设应该就地取材，分期建设，逐步完善。这是为了适应资金、设备、材料来源等条件而采取的办法，可分期逐步达到国家饮用水水质标准要求。

6. 设计施工和运行管理专业技术力量薄弱。由此造成一些供水工程质量较低，运行费用较高，经济效益较差，使用寿命较短。

兴建农村饮水工程时，要充分考虑上述特点，因地制宜地处理好各种矛盾和技术问题，以实现水厂建设满足技术上先进、经济上合理的要求。

（二）农村供水系统的组成和布置

供水系统的任务是从水源取水，按照用户对水质的不同要求进行处理，然后将水输送至给水区，并向用户配水。为了完成上述任务，供水系统一般由以下工程设施组成。

1. 取水构筑物——自地表水源或地下水源取水的构筑物。

2. 输水管（渠）——将取水构筑物取集的原水送入水厂的管、渠设施。

3. 水处理构筑物——用以对原水进行水质处理，以符合用户对水质的要求，通常集中布置在水厂内。

4. 调节及增压构筑物——用以储存和调节水量、保证水压的构筑物，如清水池、水塔、增压泵站等。增压泵站一般分为抽取原水的一级泵站、输送清水的二级泵站和设于管网中的增压泵站。

5. 配水管网——将水厂处理好的清水送至用户的管、渠及附属设施。

在以上组成中，输水管、管网、泵站和调节构筑物等组成供水和配水系统，从供水系统整体来说，它是投资最大且很重要的子系统。

典型的以地表水为水源的供水系统为：取水构筑物从江河取水，经一级泵站送往水处理构筑物，处理后的清水储存在清水池中。二级泵站从清水池取水，经输水管送往管网供应用户。一般情况下，从取水构筑物到二级泵站都属于自来水厂的范围。有时为了调节水量和保持管网的水压，可根据需要建造水库泵站、水塔或高位水池。

供水管线遍布于整个供水区域，根据管线的作用，可划分为干管和分配管。前者主要用于输水，管径较大；后者用以配水到用户，管径较小。以地下水为水源的供水系统，常用管井等取水，如地下水水质符合生活饮用水卫生标准，可省去水处理构筑物，从而使供水系统比较简化。

农村供水系统可有多种布置形式，主要受村镇规划、水源和地形条件等因素的影响。供水系统的布置应该既能正常供应生活用水，又能适应今后村镇人口和工副业发展规划的要求。如果水源具有一定的高程，能借助自重进行输水，则可省去一、二级泵站。水质好的水源，如地下水水源一般可以只添加氯消毒即可，使供水系统大为简化。多水源场合使供水系统布置也受到较大的影响。地形变化小的村镇，可以只采用一个供水系统。地形起伏较大时，需要采取分区供水或局部加压的供水系统。农村供水由于规模较小，村镇地形变化不大，多用单一水源供水，供水系统的布置比较简单。一般情况下，经过对几个方案进行技术经济比较后，比较容易确定技术上先进、经济上合理的方案，申报主管部门批准后即可实施。

二、水质净化

（一）水质分析

1. 水样采集

实验室或者野外水质分析是测定水质的重要方法。对于小型社区的水源，细菌分析和物理化学分析是两种最重要的分析。分析结果可以清楚地表明当前水样中的污染物类型和污染程度。同时，这些信息对于决定在何处设置供水点是非常关键的，以及对于选择何种处理措施也同样重要。

对水样的准确分析取决于样品的采集是否恰当，样品的采集必须对于整个水源具有代表性，应该在几个不同的地点、不同的时间完成。当更换新的水源，怀疑某种疾病的发生与供水有关，水源体系发生变化，以及怀疑水源受到污染时，需要对所取水样做“特定分析”，一般的水样分析称做“例行分析”。取水样的方法取决于分析的目的，即是进行细菌分析还是物理化学分析，以及对水样的分析是例行分析还是特定分析。采样过程的关键是要求取有代表性的水样，且迅速送到分析机构，水样分析也可以在野外进行，野外测试可以避免水样在从采集地到实验室的运输过程中发生变化。

无论可能与否，细菌和物理化学指标都是必须进行的测试项目，其中，最重要的是对水样的细菌分析，因为细菌污染会导致很多感染性疾病，这是必须避免的。而且在农村地区，对水中杂质的物理化学处理过程常常会导致成本过高或是过于复杂，因此往往物理化学污染的可能性比较大，所以也要进行物理化学测试分析。

水样的采集和保存是水质化验的重要环节。要想获得真实可靠的水质化验结果，首先必须使用正确的采样方法和保存方法，并及时分析化验。如果一个环节没有做好，那么即使分析化验操作严格细致、准确无误，其结果也会失去代表性。水样的采集以所取水样有足够的代表为原则，且不受任何意外的污染。因此对采样方法，采样用的容器以及水样的保存都必须有严格的要求。

（1）采集水样进行细菌分析

采样频率：细菌分析仅能反映采样当时的水质，而不能代表采样前或者采样后的水质。无论是旱季还是雨季，用于细菌分析的水样必须在每个季节都要采集，尤其是在大雨之后。每次采样时，水样必须是在一连几天内的不同时刻采集，仅对单次水样进行分析是不可靠的。

采样的频率取决于待测水源供应人口的多少。如果该水源供给的人口很多，则需频繁采样。采样和分析是否频繁还取决于水源的水质，包括已有的污染物、有害的新污染物以及水源体系的复杂程度，没有一种固定的测试频率标准，因为以上各个因素都是不确定的。如果人口数低于5000，那么在现存的水源体系中，建议每月进行一次采样，用作例行的细菌分析。如果人口数高于5000，则按每月1次/5000人的比例作为采样频率的标准。

采样容器：容器材质应化学稳定性好，不会溶出待测成分且贮存期内不会与水样发生物理化学反应，对光敏性组分，应具有避光作用，用于微生物检验用的容器能耐受高温灭菌。一般监测项目采样容器可用无色硬质玻璃瓶或聚乙烯塑料瓶。采样容器使用前必须洗涤干净，玻璃瓶可用洗液浸泡，再用自来水和蒸馏水清洗干净备用。聚乙烯瓶可用10％的盐酸溶液浸泡，再用自来水和蒸馏水洗净。测定溶解氧及生化需氧量应使用专用贮样容器，金属放射性及其他无机项目的贮样容器可选用高密度聚乙烯或硬质玻璃器。

采样位置、方法：

①采集地表水水样时，应在远离岸边有代表性的地点取样。容

器在装入水样前，应先用该采样点水样冲洗三次。采集表层水样，可直接将采样器放入水面下0.5m处采样，采样后立即加盖塞紧，避免接触空气。采集底层水样时，切勿搅动沉积层。另外，某些水质指标对取样有特殊的要求，如测定水样中的含氧量，溶解氧需由专业人员取样，取样时应注满水样瓶，瓶中不应留有空间，现场加化学试剂固定保存。

②采集经常使用深井抽水设备的水样时，应先放水数分钟。使积留在水管中的杂质及陈旧水排除，然后取样。采集不经常使用深井水样时，应先抽水一段时间，时间越长越好。使化验的水质数据准确可靠，有代表性。有的送水样的群众常常拿着刚刚从深井中抽出来的水到化验室化验，结果却不能代表所测井的水质，往往需要重新取样，既浪费时间，又浪费人力物力，得不偿失，所以一定要合理掌握取样时间。

水样的保存：水样存放过程中，由于吸附、沉淀、氧化还原、微生物作用等物理化学和生物作用，样品的成分可能发生变化。因此水样采集后应根据监测项目的不同分别加入不同的保存剂固定，并尽快送样，保证及时进行分析测定。

(2) 采集水样进行物理化学分析

采样频率：采集水样进行物理和化学分析时水样采集频率不需要像细菌分析的采集频率那样高。对于大多数小型社区，一年可以只做一次完整的化学分析。如果该水源曾经被有害的化学物质污染过，或是附近有新兴工业发展，或是附近农场在耕作时使用了化学杀虫剂或化肥，那么需要每月都采样。

设备：进行物理和化学分析的水样必须用带有磨口塞子的无色玻璃瓶贮存，玻璃瓶无须经过灭菌，但必须保持洁净，用洗涤剂清洗后，用蒸馏水至少刷洗3～4次以除去气味和残余物。

流程：进行物理和化学分析的水样的采集过程与进行细菌分析

的水样采集过程基本相同。用采样处的水刷洗采样瓶至少 3 次后，注满采样瓶并塞好塞子。采样后尽快进行分析，时间不要超过 72h。无论可能与否，样品应该在 0℃～10℃的环境下储存和运输。

在同一水源地同时进行几次采样时，应该先采集用作细菌分析的水样，以避免未经灭菌的设备污染了采样点处的水。无论采集哪种水样，都应该做到：采集有代表性的水样，并保证其不受污染，采样后必须封好采样瓶并迅速将其运送到分析地点。

2. 水质分析

家庭用的供水水源应不含致病微生物和污染物质。有一些方法可以检验供水水源是否能安全饮用。其中一种方法是进行水样分析，即对水样中的污染物类型和污染水平进行分析测定。水样分析的结果既可核实卫生调查的结果，又能作为供水水源所需处理方法的参考。

共有五种水质分析方法对水样的不同特性进行测定。小型集中供水水源水样分析中，最重要的两种类型是细菌学测试和物理化学测试。细菌学测试可鉴定与疾病有关的微生物，物理和化学测试可确定水样中使水混浊和对人体有毒有害的物质。在这两种类型中，细菌学分析要更重要一些，因为细菌学污染在小型集中供水水源中出现的概率要比物理或化学污染物出现的大，并且可以导致疾病的发生。

物理和化学分析包括浊度、颜色、味道、气味、矿物质、有毒物质等。物理和化学分析的内容多，测试复杂，所以最好在装备齐全的实验室中进行。野外设备能够用于部分物理和化学分析，它们需要专门的药品和设备，这些设备价格昂贵，因此在偏僻的农村地区用作水源分析通常是不现实的。

水样的细菌学分析结果能够表明供水水源中是否存在致病微生物，一般用大肠杆菌作为致病微生物是否存在的指示菌。大部分大肠杆菌自身并不会导致疾病，但是由于这些大肠杆菌是由人畜排泄物进入供水水源的，因此它们能够表明水中病原体（排泄物中的致病有机物）存在的可能性，因为大肠杆菌比病原体更容易鉴别，因此用大肠杆菌作为水的卫生指标。

(1) 细菌的测定

最简单、最廉价的水样细菌分析方法是标准平板计数法(SPC)，它是一种测量水样中所含全部细菌的方法。在SPC中，水样与培养基在培养皿中进行混合培养，水样中的细菌经过培养后形成菌落。虽然SPC不能将大肠杆菌和其他类型的细菌区分开来，但它是评价供水水源一般卫生质量比较有效的方法之一，并且当其他分析方法都不可行时，SPC是测量基本细菌含量的好方法。

大多数实验室都能比较容易满足SPC所需的设备和试验条件。用已消毒的移液管移取1ml稀释过的水样注入消过毒的培养皿中，然后注入10～15ml已消毒的培养基（如葡萄糖琼脂），将培养皿中的水样覆盖。轻摇培养皿使水样和培养基充分混合，并在（35±0.5)℃的条件下培养（24±2）h。培养完毕后用菌落计数器或放大镜进行菌落计数。若生长的菌落少于500个，则水质相对较好。

专门检测水样中是否存在大肠杆菌的过程称为大肠杆菌总数检测，常用于细菌学分析，可以鉴别水样中存在的多种类型的大肠杆菌，例如已知大肠埃希杆菌存在，就能有力地证明病原微生物存在。如果检测结果表明水样不含大肠杆菌或含量比较少，则认为检测水样不含致病细菌。

WHO颁布的饮用水卫生质量国际标准针对不同的情况有不同的规定：例如供水水源是否经过处理，是否经过消毒，或是否经过管道输送，对经处理过的供水水源要求的标准相对较高。在任何饮用水水样中，不含大肠埃希杆菌是可接受的理想情况，且仅含有低水平的大肠杆菌的未处理水源也是可以接受的。

水样可在实验室或野外用专门仪器进行分析。实验室中设备齐全，并且条件可控，但是运输麻烦，并且受到运输时间的限制。野外分析一般不如实验室中仪器完备，但是野外分析减少了水样储存和运送的麻烦，应用十分方便。取样后应立即进行分析，以使水样的细菌学特性的变化降到最低限度。在取样后 6h 内必须进行测试而又不能运送到实验室的情况下建议进行野外分析。不能在取样后 6h 内进行检测的情况下，水样必须妥善保存并送到最近的实验室进行分析。

（2）大肠杆菌的测定

大肠杆菌的测定方法有两种。第一种方法为多管发酵法，即将微量体积的水样加入营养液培养基中，并注入一组或几组由 5 支试管组成的试验组中。培养 48h，根据出现气体的试管数量估计水样中细菌的最大可能值（MPN）。尽管试管法试验可以在野外进行，但是要想取得最好的试验效果，最好在设备齐全的实验室中进行。第二种方法为膜过滤法。用一个平底滤器对已消毒水样进行真空抽吸过滤，水中所有细菌将截留在滤膜上，然后把滤膜放在培养基上进行培养。细菌经过繁殖形成明显的菌落，菌落可直接用肉眼或者借助显微镜进行计数。这两种方法的准确性在很大程度上取决于水样的采集是否恰当。

（二）水质净化处理

水质净化处理就是采用不同的净化工艺，去除原水中的悬浮物质、胶体物质和细菌以及其他有害物质，使净化后的水质能满足生活饮用或工业生产的要求。常规的净化工艺包括自然沉淀、混凝沉淀或澄清、过滤或接触过滤、消毒等。每种工艺又有不同形式的净水构筑物，设计时应针对不同原水水质和用户对水质的不同要求，选择适当的净化工艺，经过技术经济比较，组合成水厂的水净化工艺流程。

1. 工艺选择

合理选择水净化工艺是保证供水水质的关键，也直接影响到水厂的基建投资和运行费用。水净化工艺选择，应根据水源的水质情况、用户对水质的要求以及客观所具备的条件来决定。我国农村水厂大多数采用混凝沉淀或澄清、过滤或消毒等净化工艺。具体选择可按照表4—1的内容进行，最后通过技术经济比较确定。

表4—1 水净化工艺的选择

净化对象	可供选用的净水工艺										
	微滤	预氯化	预沉淀	曝气	化学氧气	混凝沉淀	慢滤	快滤	臭氧氧化	二氧化氯	活性炭吸附
浊度	√	—	√	—	—	√	√	√	—	—	—
色度	—	√	—	—	—	√	—	√	√	—	√
臭和味	—	√	—	√	—	√	√	√	√	—	√
铁和锰	—	√	—	√	√	√	—	√	—	—	—
细菌	—	√	—	—	—	√	√	√	√	√	—

对于某些农药污染的水质，可参照表4—2所列的净化工艺进行选择。

表4—2 某些净化工艺去除农药的效果

农药	混凝、沉淀、过滤	投加粉末状活性炭	
		5 (mg·L^{-1})	20 (mg·L^{-1})
林丹	<10	30	80
异狄氏剂	35	80	94
狄氏剂	55	75	92
2.4，5—锑硫钠	65	80	95
1605	80	>99	>99
多氯联苯	90	80～85	80～85

针对农村给水的特点，在选择净水工艺时应注意以下几点：

（1）必须依据水源的水质状况，选择适宜的净化工艺。

（2）因地制宜，选择净化工艺。同一水源，当采用不同的净化工艺，均可达到理想的净化效果时，应因地制宜地进行技术经济比较后，再确定适宜的净化工艺。

（3）选择地表水净化工艺时应注重混合工艺。在保证出水水质良好的同时，节约投放药剂，降低成本。

（4）消毒工艺在水的净化中至关重要。无论哪类水源，采用何种净化工艺，水在供给用户前均需按规定进行消毒。

2．工艺流程

水质净化处理的工艺流程，是根据天然水的水质与生活、生产用水水质标准的差异，将上述净水处理的方法组成不同的工艺流程，以满足用水水质的要求。在农村常用的水处理工艺流程及其适用条件见表4—3。

表4—3　净水工艺流程及适用条件

序号	净水工艺流程	适用条件
1	原水→贮存或简单沉淀→混凝沉淀或澄清→过滤→消毒	地面水，原水浊度小于2000～3000mg/L，短时内到5000～10000mg/L
2	原水→接触过滤→消毒	地面水，原水浊度小于100～150mg/L，水质变化不大，没有藻类
3	原水→接触粗滤→二次过滤→消毒	地面水，原水浊度大于100～150mg/L，水质要求较高时或原水浊度不高，但有机物污染严重的情况
4	原水→过滤→消毒	地面水，原水浊度常小于50mg/L
5	原水→预沉淀或沉砂池→混凝沉淀或澄清→过滤→消毒	地面水，高浊度水
6	原水→曝气充氧或充氧→过滤→消毒	地下水，含铁量超标，但超量较低的情况

续表

序号	净水工艺流程	适用条件
7	原水→曝气充氧→过滤→曝气充氧→过滤→消毒	地下水，铁、锰含量较高需同时去除的情况
8	原水→除氟处理→再生→消毒	地下水，含氟量超标情况
9	原水→粗过滤→稍过滤→电渗析器或反渗透器→消毒	地下水（或海水）高含盐量水需淡化或除盐的情况

3. 水处理的方法

饮用水必须去除对人体健康有害的化学物质，不应有悬浮颗粒、异味、颜色和气味，也不应有腐蚀供水系统的物质存在。水处理过程就是将水中的污染物去除，以供饮用的过程。最理想的水源可直接饮用或稍加处理就可饮用，许多水源，特别是地表水源必须经过处理才能饮用。而水处理工程通常费用高，并需经常维护。本节将介绍单个家庭用水的简易处理方法、简单的集中供水系统、高级的集中供水系统及应急供水系统。

水处理方法按去除对象一般分为以下几种。

①消毒：杀灭受污染水体中微生物的过程，这是控制疾病发生的最重要的水处理方法。

②澄清：通过沉淀或过滤去除水中悬浮物，使其浊度降低水质变清的过程。

③化学处理：通过化学方法降低水源中的矿物质或盐分，提高水质的感官效果和口感。

（1）家用水处理系统

单个家庭用水的处理方法适用于没有物力和财力建设大型水处理系统的分散家庭。下面介绍四种单个家庭用水的处理方法：蓄水、过滤、高温消毒和化学消毒。这些方法是单独使用还是结合使用，主要取决于水源的水质。

蓄水：最简单的水处理过程是把水存放在容器中，至少存放 2d 后再使用。家庭用水经过短期存放，将杀灭一些致病微生物，使许多混浊物沉淀。蓄水容器可以是金属、玻璃、塑料的，也可以是陶器，但最好不用陶器，因为其黏土器壁的空隙有滋生微生物的危险。家用容器的容积通常为 10～30L。

蓄水容器一定要加盖（如图 4－1 所示），以免灰尘或其他污物进入水中，同时避免藻类滋生和水的蒸发。蓄水容器要经常清洗，防止沉积的污物衍生微生物。蓄水过程不会杀灭所有的病原体，对于很细小的混浊物去除效果比较差，最好能够经过高温或化学消毒再饮用。

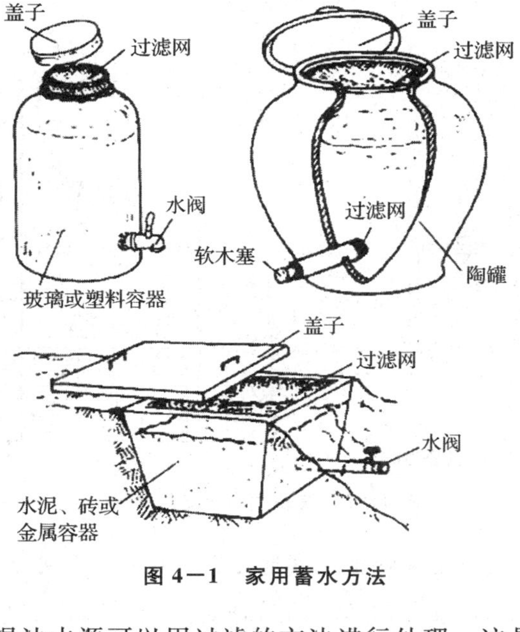

图 4－1　家用蓄水方法

过滤：混浊水源可以用过滤的方法进行处理。这是一个进水流经微孔材料截留其中悬浮颗粒的过程，但无法去除水中的细菌和细小混浊物。目前有几种过滤器可供家庭使用，它们可以滤去粗大的悬浮物，但是，长期与污浊水接触，滤料孔隙会发生堵塞或玷污，必须经常清理，过滤后的水在饮用前应该进行高温或化学消毒。

陶瓷过滤器由一个柱状滤芯和两个容器组成，一个容器中的水通过滤芯过滤到另一个容器中，这两个容器组成一个蓄水单元，如图 4－2（a）所示。陶瓷过滤器适于处理中等浊度水，由于滤料比较昂贵，所以通常在人口较多的地方相对集中使用。一旦滤芯上积有沉积物时，及时清理，否则会降低过滤效率和流速。滤芯可用刷子清洗，也可用低浓度的加氯溶液浸泡。木炭、谷壳以及其他当地材料有时作为小型给水的滤料，木炭可以改善一些给水的味道，这些材料要经常更换，以免出水再度污染。

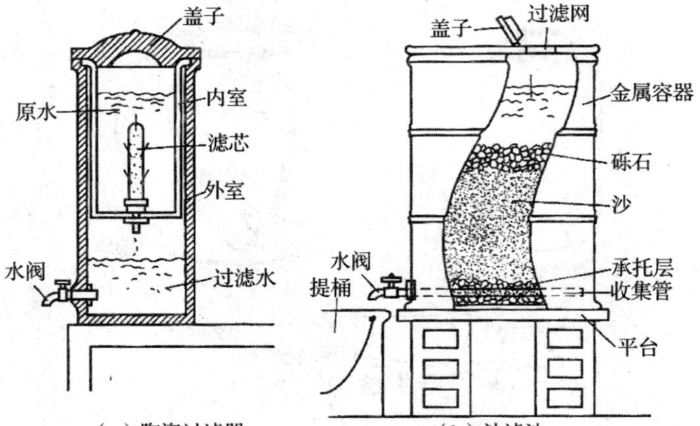

图 4－2　陶瓷过滤器和沙滤池

家用沙滤池可处理雨水或其他含有少量杂质的水源，如图 4－2（b）所示的沙滤池施工简单，造价便宜，易于维护。它由一个大桶组成，桶中底部装有一层碎石，碎石以上覆盖一层干净的沙，原水由桶顶部进入，水流过沙层时，水中沉淀物被拦截下来，干净水由桶底流出。在此过滤装置中，在沙层上面应再加一层碎石，以免进水时冲刷沙层。一个 208L 的桶每天可以连续过滤大约 2700L 的水，沙层每 2～3 周更换一次，以保证水的流速，并且防止沙层中的污物滋生微生物再次污染水体，取出的沙可以经过洗涤、晾干后重新使用。沙滤池的处理水量大，但不能杀灭病原微生物，所以过滤后需要高温或者化学消毒。

高温消毒：高温消毒是对少量水进行消毒的最有效方法，通过煮沸 2～3min 可杀灭水中的病原微生物，做饭用的大锅或大的圆形钢桶可以解决 20 人左右的用水问题。加热后盖好盖，冷却后贮存在同一容器中，以免再度污染。建造蓄水容器很简单，也很便宜，但烧水的燃料（如木材、木炭、煤油或者煤气）比较贵，因此高温消毒法对于大量需水或大量人群的供水是不现实的。

高温消毒水处理法在我国应用比较普遍。我国有饮茶的习惯，并且每家都有热水瓶，即使不喝茶水也是饮用热开水。因此在过去的 30 年中，我国基本上杜绝了饮水造成的疾病。

化学消毒：可以利用化学试剂进行消毒，碘、溴和氯可以去除大多数致病微生物，但不能杀灭所有的病原体，也不能去除固体颗粒中的微生物。因此，化学消毒法仅适用于澄清的水源水，混浊水必须事先经沉淀或过滤处理。

氯是应用最广泛的化学消毒剂，在购买时，包装上都有使用说明和注意事项，使用时请参阅说明书。加氯溶液应该适量，因为加入的氯不仅要与水中的有机、无机物质起反应，还要杀灭水中的细菌。消毒后剩余的氯称为余氯，余氯可以防止处理过的水再度污染，加氯量的多少很难掌握，如果加氯量不够则不能达到消毒目的，如果过量又会使水的口味或气味难受。比较简单的办法是，在加入漂白粉一类的含氯溶液时，待水中氯的味道或气味刚一出现立即停止。

(2) 简单集中式水处理系统

简单的集中水处理方法适用于比单个家庭大的群体，处理水量大并且建造费用高、运行和维护麻烦。本节将讨论 3 种简单的集中水处理方法，它们分别为普通沉淀、慢速沙滤和化学消毒，它们是单独使用还是结合使用，取决于水源水的质量。

普通沉淀：普通沉淀是一种处理高浊水的方法。沉淀池通常为矩形，用混凝土建成，但也有用钢材、石头或就地取材建造而成的，图 4—3 是典型的普通沉淀池。进水端有配水槽配水，水经过沉淀池后由另一端流出。沉淀池底板通常是倾斜，便于收集污泥。沉淀池大小取决于平均日用水量，沉淀池既可以设计成恒定流速，也可根据需要设计进水和出水流速。设计工作要由专业人员完成，并由有经验的工人施工。

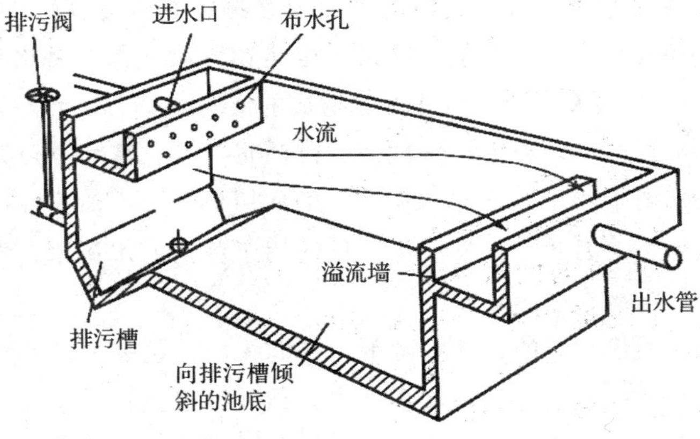

图 4—3 普通沉淀池

进水通常在沉淀池中停留 2 天以上，如果特别混浊还需投加化学药剂辅助沉淀。虽然沉淀后的出水已经比较澄清，但还需通过消毒才能安全饮用。

慢速沙滤：慢速沙滤池及清水池见图 4—4。慢速沙滤池可以去除水中绝大部分细菌，使低浊度水得以澄清，通常用普通沉淀池加慢速沙滤池处理高浊度水。慢速沙滤池可以是圆形钢桶或混凝土池，内装小砾石和非常细的沙组成的过滤层，过滤桶充满水，水通过这些沙向下慢慢渗透，几天以后，在上层沙面上形成一层很薄的黏状物，当水通过这层黏状物时，细菌和病原微生物被过滤，被过滤掉的细菌和病原微生物既可能死亡，又可能被黏状物上的生命体吃掉。清水由慢速沙滤池底部通过一个由砖或水泥管构成的排水系统而流出。利用闸门来控制出水速率，以维持沙上恒定水位，从而保护黏状物。如果这层黏状物干枯，生物滤膜的作用就会丧失。

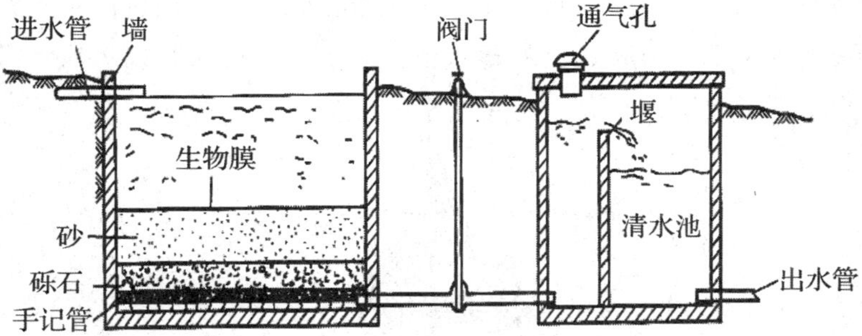

图 4—4 慢速沙滤池及清水池

慢速沙滤池的设计需要技巧。进水口和出水口的安排、流速和池子的大小、沙粒的粗细和沙的体积都需要仔细计算。慢速沙滤池的建造不需很高的技巧，但需要较高的建筑费用和较大的建筑面积，然而维护的技术和费用较低。

由于滤速很慢的缘故，滤床每隔几周要清洗一次，排水并刮掉沙床顶上几厘米厚的沙，在黏状物再次形成后才可进原水，这通常需要几天时间，脏沙子洗净后可以重新使用。慢速沙滤池能去除原水中85%的细菌，也能明显降低混浊度，当然，非常混浊的水事先还需沉淀。水经慢速沙滤后还可以再加氯消毒，从而使供水水质更加安全，并使水管中保持一定的余氯。由于慢速沙滤池可以改善水源的物理和卫生特性，因此，它是农村集中供水的良好选择。

化学消毒：蓄水、沉淀和过滤能减少水中的细菌含量，但还达不到饮水要求。化学消毒是比较好的杀死细菌等微生物的水处理方法。氯是较便宜和常用的消毒剂。

加氯装置通常有两种。一种是在水井、水塔和水池中用到的扩散式氯消毒装置，它由一个装有粗沙和氯粉的罐子或其他容器组成，将其淹没在待处理的水中，氯通过容器中的空隙渗入水中。罐式氯消毒装置如图 4—5 所示。3kg 的粗沙中掺和 1.5kg 的漂白粉，可供 60 个人 2 周的用水。扩散式氯消毒装置消毒缓慢，最适用于水井或一天消费水量在 $1m^3$ 以内的蓄水池。对于更大的水井或水池将需要多个氯消毒装置。

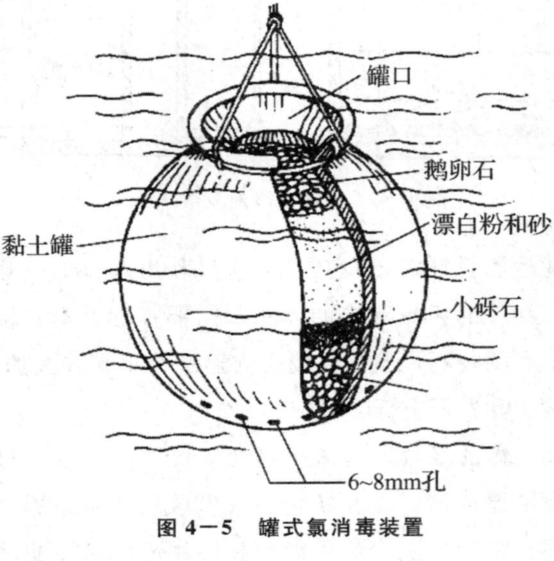

图 4—5 罐式氯消毒装置

另一种是浮碗式氯消毒装置，这是一个装有含氯溶液的容器或水桶，它将含氯溶液以恒定的速率滴加到缓慢流水的蓄水池中，如

图 4—6 所示。浮碗式氯消毒装置通常由一个大约 200L 的钢桶或水泥池子、盖子、一个漂浮的滴阀、一个出口和一根连通出水口和滴阀的软管构成。碗浮在溶液上部。阀底部开口用一个打有两个孔的塞子塞上，一根软管通过其中一个孔，将碗与桶的出口连通起来，起到固定浮碗的作用；一根小管通过另一个孔，其作用是使碗底溶液进入浮碗。进入碗中的水流可以通过抬高或降低小管高度来调节。运行中通常要注意氯溶液的含量和是否需要更换浮碗式氯消毒装置的有关部件。

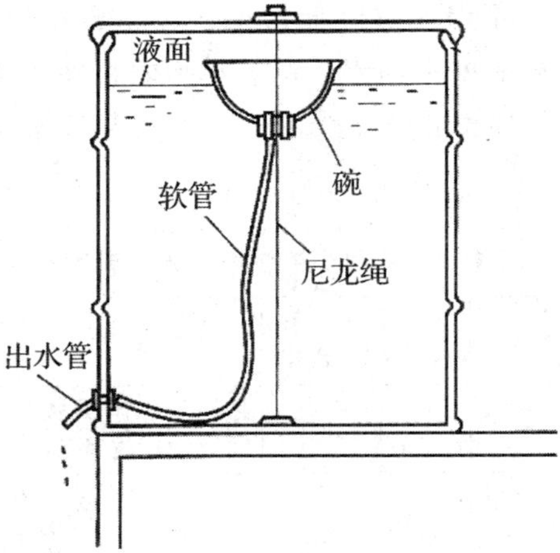

图 4—6　浮碗式氯消毒装置

(3) 高级集中式水处理系统

高级集中式水处理系统的建造和运行需要较高技术，造价也非常昂贵，因此很少用于农村供水系统。

(4) 紧急情况下的水处理系统

紧急情况下的水处理方法可用于突发事件的场合。突然供水中断时，要采用一个快速评估措施对当地水源条件和有效水源进行评估。在所用水源遭受污染，或处理设施被毁，以及水源发生突然变化的情况下，紧急情况下的水处理是非常必要的。

消毒是在紧急情况下预防各种疾病必须优先考虑的水处理过程。高温消毒和加氯消毒可对少量饮用水进行适当的消毒，对于大规模水源，用自动加氯装置进行消毒是最有效的。如果具备可靠的电源，就可以采用更复杂的加氯装置。

在任何水处理场合，优先选择的处理方式就是消毒，饮水是否含有病原微生物对于人体健康至关重要。澄清有利于供水的充分消毒，调节是提供一种令人对水质在感官上比较舒服的重要手段。任何一种水处理系统不但能够降低污染，还能够减少任何后续污染，为用户提供一定量的安全用水。对于小型农村集中供水而言，必须设计一个详尽的水处理方案。表 4－4 概述了适合农村小型村落的水处理方法。

表 4—4　农村小型村落的水处理方法

方法	处理类型	建造费用	运行管理费用	可靠性	所需建造技术	所需运行管理技术
蓄水	轻度混浊水澄清	低	低	适用于小体积水；需要过滤或消毒	低	低
家庭过滤	浊度水澄清；去除一些病原体	低	低	上限为 2700L/d；需要消毒	低	低
高温消毒	完全消毒	低	高	小体积水	低	低
人工化学消毒	清水消毒；杀灭大多数病原体	低	高	难检测；靠味觉	低	中等
简易沉淀池	澄清高浊度水	中等	低	需要过滤和消毒	低	高
慢速沙滤池	澄清和消毒	高	低	适当维护时可杀灭大多数病原体	高	中等
简单的消毒装置	清水消毒	低	高	需要经常监测氯含量	中等	高

（三）特殊水质的净化处理

1. 地下水除铁、除锰

作为生活饮用的地下水水源，当集中式供水工程，铁、锰含量超过生活饮用水卫生标准的要求时，应除铁、除锰。

地下水除铁、除锰工艺流程，应根据原水水质，净化后水质要求、除铁除锰试验或参照水质相似水厂的运行经验，通过技术经济比较后确定。

（1）地下水除铁，当水中的二价铁被空气氧化时，易采用曝气氧化法；当受硅酸盐影响或水中的二价铁空气氧化较慢时，易采用接触氧化法。

（2）地下水铁、锰均超标时，应根据以下条件确定除铁、除锰工艺：

①当原水含铁量低于2.0～5.0mg/L（北方采用2.0、南方采用5.0）、含锰量低于1.5mg/L时，可采用：原水曝气→单级过滤除铁锰。

②当原水含铁量或含锰量超过上述数值且二价铁易被空气氧化时，可采用：原水曝气→氧化→一次过滤除铁→二次接触氧化过滤除锰。

③当除铁受硅酸盐影响或二价铁空气氧化较慢时，可采用：原水曝气→一次接触氧化过滤除铁→曝气→二次接触氧化过滤除锰。

（3）曝气氧化法除铁，曝气后水的pH值宜达到7.0以上；接触氧化法除铁，曝气后水的pH值宜达到6.0以上；除锰前水的pH值宜达到7.5以上，二次接触氧化过滤除锰前水的含铁量宜控制在0.5mg/L以下。

2. 地下水除氟

氟是一种淡黄色气体，在自然界以多种化合物的形式广泛存在。地下水中，通常含一定量的氟化物。我国规定饮用水中的含氟量不超过 1.0mg/L，超过这个规定标准时，就称为高氟水。

目前主要采用的化学除氟法可分为混凝沉淀法和滤层吸附法两种。国内饮用水除氟方式主要根据给水方式来确定，一是分散式给水除氟，二是集中式给水除氟。前者可以使用家用除氟器，没有除氟器的用水户，可以在水缸中加入凝聚剂，如硫酸铝、氯化铝、碱式氯化铝除氟。后者采用大型除氟设备进行除氟。

3. 地表水除藻

当水中藻的含量大于 100 万个/L 或含藻量足以妨碍由混凝沉淀和过滤所组成的常规水处理工艺的正常运行时，就需对水中藻类进行清除。

含藻水处理工艺流程的选择及构筑物的组合，应根据实验研究的结果或相似条件下的水厂运行经验，通过技术经济比较后确定，处理流程一般有下列三种：

（1）常规处理工艺流程为：原水→加药、混合→絮凝→沉淀（澄清）→过滤→消毒。

（2）以富营养型湖泊、水库为水源，且混浊度常年小于 100 度的原水，处理工艺流程为：原水→加药、混合→絮凝→气浮→过滤→消毒。

（3）以贫—中营养或中—富营养型湖泊、水库为水源，且最大混浊度小于 20 度的原水，处理工艺流程为：原水→加药、混合→絮凝→直接过滤→消毒。

三、输配水

（一）管道和配水管网布置

农村供水工程从水源到水厂和从水厂到各用户，都需要用管道来连接。前者称为输水管，后者称为配水管。输水管道又分为重力输水和压力输水两种类型。输水管道输送的流量比较均匀，并且无沿程流量变化，而配水管道均为压力流，并且管道内输送的流量和压力都是随着用户用水量的变化而变化。

1. 管道布置

农村供水工程中的管道部分投资占整个工程总投资的50%～80%，管道工程布置得如何，将直接影响整体工程投资。管道布置得合理，不但可以节约大量建设资金，同时还可以收到降低运行费用，提高工程效益的效果。在进行管道布置时，既要考虑经济因素，又要注意管道的安全运行，而且在两者出现矛盾时，要在确保安全运行的条件下，适当兼顾经济性原则。

(1) 输水管道

输水管道的规划布置应符合下列基本原则：

a. 应使管线最短，选用当地管材，施工要方便，尽量少占或不占农田。

b. 使管线沿现状或规划道路敷设，既方便施工又利于维护检修。

c. 尽量减少与道路、河流、桥梁、山谷相交叉。使管线避免穿越滑坡、塌方、岩石、沼泽、高地下水位、流沙、河流淹没与冲刷地区。既降低造价，又便于管理，还可以保证安全供水。有河流分割时，可考虑分区供水自成管网，待发展之后再连成多水源供水管网等。

d. 充分利用地形提供的高差，采用重力输水。地形不平坦时，应在适当位置设置跌水井或减压井等控制水位措施。

e. 与当地发展建设规划相结合。较大工程可安排成近远期工程分步实施的方案，给今后发展留有余地。

f. 当前农村的供水管道，一般采用单管输水。如输水较远，在有净水条件的地方，可同时修建相当容量的安全储水池，其容积按一般事故排除时间乘以事故的用水量。

g. 长距离输水管道，在隆起点与低凹处，一般应设排气阀和泄水闸。泄水管直径应小于输水管直径，取输水管直径的 1/3 左右。此外，长距离输水管道水头损失很大，所需水泵扬程很高，为了避免管线中压力过高，并防止水锤对输水管的破坏作用，需要分级加压。措施是在管线的适当位置设置中间泵站（增压泵站）和蓄水池，既降低了压力又调节了水量。泵站的数目和位置视管道中的压力和地形而定。

h. 保证供水安全可靠。当输水管线发生故障时，断水的时间和范围应减到最小限度。为此，对重要的或标准较高的农村供水工程，应考虑建设双线输水管道，或在用水地点建造蓄水池。在实施双线输水时，可以在双线输水管间装设连通管，把管线分成几个环网，并装设闸门控制事故断水。

i. 在严寒地区还需要注意防止管道冻坏。

上述原则难以同时满足，在长距离输水时投资很大，必须进行技术经济比较选优。

（2）配水管道

配水管道的规划布置应符合下列基本原则：

a. 根据用水要求，管线应保证各用户有足够的水量与水压。

b. 在地形平坦且供水范围不大时，可采用统一配水管网，即全区用一个给水管网供水。反之，可考虑用分压供水管网。

c. 在供水到户的条件下，尽量使管线最短。

d. 结合村镇发展规划，留有充分的发展余地，将配水管道分期建成高标准管网。

e. 配水干管应沿村中主要街道布置，防止压在路下。

f. 在粮仓、学校、饲养场、公共场所等处应设消防用水栓，并与干管相连接。

g. 配水管道应有一定纵坡，并在最低处安装泄水闸，以供冬季防冻泄水。在配水管道最高处安装排气阀，以防气阻影响配水。

2. 配水管网布置

配水管网是指从输水管接出，分配到各用水区域及各用水点的管道。其中，担负沿线供水区域输水作用并且直径较大的配水管称为干管；配水给各用户的小口径管道称为支管。

（1）配水管网布置类型

配水管网主要是根据村镇地形、道路、村镇发展方向、用水量较大的用户位置、用户对水压的要求、水源位置等因素来布置。其布置的形式主要有树状管网、环状管网和混合状管网三种类型。

树状管网：树状管网布置呈树枝状，向供水区延伸，管径随用户的减少而逐渐变小。一般适用于小型给水系统，在农村广泛使用。其优点是管线长度短，构造简单，节省投资；缺点是管网只要有一处损坏，其下游各管网就会全部断水，供水可靠性较差，并且由于管网有多处末端，水流易停滞，容易恶化水质。

环状管网：环状管网的布置形式是供水干管间都用联络管互相连通起来，形成许多闭合的环。对要求不间断供水的地区，应采用环状管网。其优点是管网各段均有两个或两个以上供水方向，供水的可靠性较高；缺点是管网长度相对较长，因而增加了投资。

混合状管网：混合状管网是树状管网和环状管网联合使用的布置形式。在主要供水区域采用环状管网，边远地区采用树状管网。或者近期采用树状管网，将来再逐步发展成环状管网。这种布置形式较灵活，既能满足局部地区不间断供水的需求，又能结合当地实际，分期建设，节省投资。

目前农村常用的管网布置形式多为树状管网。管道的管径按流量的变化由大到小。农村随着经济发展与农民生活水平的提高，可向环状管网与树状管网相结合的混合状管网过渡，以提高供水保证率。

（2）配水管网布置原则及要求

配水管网的布置原则是：

a. 尽量缩短管线长度并遍布整个供水区，保证用户有足够的水量和水压。

b. 在符合道路规划的条件下，力求沿最短距离铺设管线，供水到用户，以降低管网造价和管理费用。

c. 按照规划，考虑分期建设的可能，留有充分的发展余地。

d. 供水必须安全可靠，当局部管线发生故障时，断水范围应最小。

配水管网布置的具体要求是：

a. 管网的干管中水流方向应与供水水流方向一致。干管应在规划路面以下，沿村中主要街道布置，宜通过两侧用水大户。

b. 为保证消火栓处有足够的水压及水量，应将消火栓与干管相连接。消火栓的布置，首先应考虑粮仓、学校、饲养场、公共场所等集中用水的大户。

c. 为便于检修及冬季防冻回水，管道纵向应有一定的坡度，并在管道最低处装有泄水阀，在管道的最高处安装排气阀或水龙头，以防气阻。

d. 限于目前农村条件，允许短时间停水检修的村镇，其检修闸门可少设。

e. 暂时缓建的支管，可在干管预留接口。

（二）管道各段流量、管径和水头损失

农村供水管道的水力计算，就是决定管道直径和供水时的水头损失。为了确定管径，就必须先确定设计流量。在同一管径内流量增加时水头损失也随着增加，计算时必须考虑最不利的工作情况，即流量最大，水头损失也最大的情况作为计算依据。因此管道水力计算的内容应该包括管道的设计流量、每段管子的管径和管段的水头损失三部分。

管道水力计算的内容和步骤如下：

（1）在管网平面布置图上，对相互交叉的管线交点（节点）进行编号，量出两节点间的管段长度。

（2）计算沿线流量和节点流量。

（3）根据各管段的设计流量确定管径。

（4）计算每一管段的水头损失。

（5）根据各管段的水头损失、地形高程和用户对水压的要求，计算水泵扬程或水塔高度。

1. 沿线流量、节点流量和管段设计流量

（1）沿线流量

村镇给水管线，干管和分配管上接出许多用户，沿管线配水，用水情况复杂，难以按实际情况计算管网。因此，计算时往往加以简化，即假设用水量均匀分布在全部干管上，由此算出干管线单位长度的流量，叫做比流量，用 q_s 表示。

两节点之间干管段的沿线流量等于比流量 q_s 乘以管段长度 L（m）。

（2）节点流量

村镇居民用水比较分散，经比流量、沿线流量和节点流量计算后，分配到节点，作为节点流量，管网任一节点由沿线流量折半作为节点流量，即任一节点的节点流量 q_i 等于与该节点相连各管段的沿线流量 q_i 总和的一半。在村镇给水管网中，大用户集中流量可直接作为接入大用户节点的节点流量。

（3）管段设计流量

节点流量确定后，即可进行流量分配，用以初步确定管网各管段的流量，据此可以确定管径。

①单水源树状管网

树状网的管段设计流量比较容易确定。对于一个节点来说，每条管线的沿线流量都已转化为节点流量，集中流量也是汇交在节点上。这些流量应满足节点流量的平衡条件：流入任一节点的全部流量之和等于流出这一节点的流量之和。利用这个关系可以从树状管网供水终点流量开始计算，先求出这一节点各管段的计算流量，再依次向水厂方向的节点逐个推算，就可以得出各管段的设计流量。即树状管网任何一个管段的设计流量等于该管段下游节点的出流量的总和，并且只有唯一的一个数值。如图 4－7 所示，管段 1－2 分配的流量为：

$$q_{1-2}=q_3+q_4+q_5+q_6+q_7+q_8+q_9+q_{10} \quad \text{式（4－1）}$$

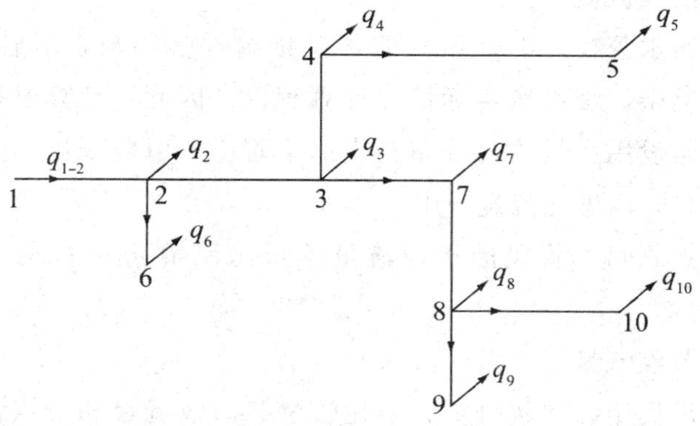

图 4－7　单水源树状管网

②单水源环状管网

单水源环状管网，每一管段可以有无限多的流量分配，如图 4－8 所示。分配流量时，每一个节点应符合流量平衡条件，即流向该节点的流量应等于从该节点流出的流量，假设从节点流出的流量为正，流向节点的流量为负，应符合连续性方程：

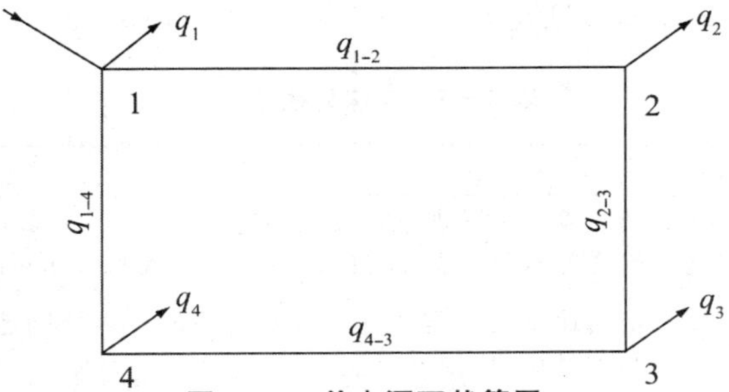

图 4—8　单水源环状管网

$$q_i + \sum q_{ij} = 0 \qquad \text{式（4—2）}$$

式中：q_i——节点的节点流量，L/s；

q_{ij}——管段中的流量，L/s。

例如，节点 1 的流量为：$Q - q_1 = q_{1-2} + q_{1-4}$。

③多水源环状管网

环状管网流量分配时，应按照管网的主要供水方向，先拟定每一个管段的水流方向，然后从管网起点的节点开始，顺水流方向按照每一个节点的流量平衡条件，求得每一段中的流量。多水源管网，可以从不同水源的节点开始分配，各水源供水范围分界线上的节点流量，由几个水源同时供给。各水源供水范围内的节点流量总和加上分界线上由此水源供给的节点流量，应等于该水源的供水量。

2. 管径的确定

管段的直径由管段的设计流量和流速确定，管径的计算公式为：

$$d = \frac{4q}{\pi v} \qquad \text{式（4—3）}$$

式中：d——管径，m；

q——流量，m^3/s；

v——流速，m/s。

从式（4—3）可以看出：在确定管径之前，必须先选定流速。

确定流速的几种方法见表 4－5。

表 4－5　流速的确定条件

条件	流速
最高和最低允许流速	①为防止发生水锤现象，最大流速不超过 2.5～3.0m/s； ②当输送浑水时，避免管内淤积的最小流速为 0.6 m/s。
经济流速	①经济流速是指一定年限（投资偿还期）内管网造价和管理费用之和为最小的流速； ②因各地的管网造价和电费、用水规律都不尽相同，所以各村镇供水的经济流速不可能完全一致，一般大管径的经济流速大于小管径的经济流速。
界限流速	因标准管径的规格限制，从经济流速求得管径不一定是标准管径，还应选用相近的标准管径。也就是说，每种标准管径不只对应一个经济流速，而是一个经济流速的界限，在界限流速范围内，这一管径都是经济的。
平均经济流速	①缺乏经济流速资料时，可以平均经济流速为依据，根据管段流量从水力计算表找出合适的管径； ②平均经济流速值：中、小管径 d＝100～400mm 时为 0.6～1.0m/s；大管径为 0.9～1.4m/s。

3. 水头损失计算

管网各管段里的水流是紊流状态的。水流在管道内流动时，要克服管壁和管道附件对它的摩擦力和内部分子相对运动所产生的摩擦力，因而要消耗一部分机械能，这部分能量的损失表现为压力水头的下降，通称为水头损失。可分为沿程水头损失和局部水头损失两部分。

水流在断面不变的直管道中流动时，由于黏滞性而产生的摩擦力均匀分布在全部流程上，称为沿程阻力。克服沿程阻力所损失的水头也是沿程均匀分布，随着流程的延长而增加，称为沿程水头损失。其能量损失多少以单位重量的液体所损失的能量来表示。也可采用界限流量的方法来确定管径，各管径的界限流量见表4－6。

表 4—6　界限流量表

管径 d/mm	界限流量 q/L·s^{-1}	管径 d/mm	界限流量 q/L·s^{-1}
100	<9	500	145～237
150	9～15	600	237～355
200	15～28.5	700	355～490
250	28.5～45	800	490～685
300	45～78	900	685～822
400	78～145	1000	822～1120

水流固体边界的形状和大小在局部地区发生变化，或遇到局部障碍时（如测量设备、闸门、三通、弯头等），流速的方向、大小相应发生变化，水流出现较强的紊乱、波动和撞击作用。有时主流脱离边壁而形成旋涡，这些都使内摩擦增加，从而增大液体运动的阻力，这种阻力称为局部阻力。为克服局部阻力而消耗的能量是在局部范围内发生的，称为局部水头损失，常以符号 h_j 表示。

在水流内部，两种能量损失是相互影响的，但在计算时，把两种损失视为互不干扰、各自独立发生的，即把某一流程上的总能量损失 h_w 认为是沿程水头损失 h_f 和局部水头损失 h_j 的叠加。

确定管网中的水头损失是管网设计的重要任务。知道了管道的设计流量和管径，便可以计算水头损失。

在给水管网计算中，主要考虑沿管段长度的水头损失，管件和附件的局部水头损失通常忽略不计。只有在短管如水泵站内的管道或取水结构的重力进水管等才考虑局部水头损失。如有必要，可将沿程水头损失乘以 1.05～1.10，当做配件和附件的局部阻力的水头损失。

水头损失的计算：

$$h_f=\lambda\cdot\frac{L}{d}\cdot\frac{v^2}{2g} \qquad \text{式（4—4）}$$

式中：L ——管段长度，m；

d ——管道直径，m；

v ——管中流速，m/s；

λ ——阻力系数，依管材而定。

（三）管网水力计算

管网水力计算的目的是根据最大时设计用水量，求出各管段的直径和水头损失，然后确定泵房所需扬程和水塔应有的高度，以满足用户对水量和水压的要求。管网计算步骤是：

（1）在平面图上定出干管管线的布置，即管网定线。对相互交叉的管段交点即节点进行编号，量出两节点间的管段长度；

（2）计算沿线配水流量和节点流量；

（3）根据初步分配的流量，考虑消防和事故时的要求，确定每一管段的直径；

（4）计算每一管段的水头损失；

（5）环状网进行管网平差计算；

（6）根据各管段的水头损失和地形标高，求出水塔高度和水泵扬程。

1. 树状管网计算

树状管网计算过程是根据管段的设计流量和经济流速，选定管径，由流量、管径和管线长度计算水头损失，由地形标高和控制点所需自由水压求出管网各点的水压，再进一步确定水泵扬程或水塔高度。先计算管网起点（如泵站、水塔等）到控制点的干管，再计算其余的管线，即支管。

干管的终点（控制点）水压已定，而起点（泵站或高位水池等）的水压待求，起点水压须在干管计算后才能确定。支管指从干管接出的管段，终点和起点的水压均已定，因此支管的水力坡度已定。干管和支管确定管径的方法不同，前者按流量和经济流速选定，后者按流量和水力坡度，即充分利用现有水压的条件确定。

2. 环状管网计算

在树状网中，当管网的节点流量算出后，利用节点流量平衡关系就可以把各管段的流量推算出来。同时也确定了水流方向。树状网各管段均为串联管路，当个别管段管径改变时，为了供给要求的水量，只需改变管网始点的水压，而各管段的流量仍然不变。

在环状网中，当环状网形状已定，节点流量也已知时，为满足供水要求，通过管网各管段的流量可以有许多流量分配方案。这是因为管网各环不仅包括串联管路，而且也有并联管路。如改变一条管段的管径，则所有管段的流量都将随之改变。

树状网计算中仅各管段的管径为未知，而环状网计算时，各管段的管径和流量都是未知值，所以只能采取初步分配流量的办法，才能确定管线的直径和水头损失。但由于其未考虑水头损失之间的联系，所以初步分配的流量需要进行调整，即环状网的平差。

在进行设计时，具体详细的管网计算应由专业人员来完成。

（四）管材及管件

农村给水工程常用的管材可分为金属管和非金属管两大类。主要包括：铸铁管、钢管、预应力和自应力钢筋混凝土管、塑料管等。具体管材的特性及选择方法参见“农村输水工程”这一章中输水管道适用的管材部分。

在管线转弯、分支、变径以及连接其他附属设备处，必须采用各种管道配件。常用的给水铸铁配件有：三通、四通、弯头、短管和异径管等。接口形式分承插和法兰两种。

为了保证管网的正常运行，便于维修和使用，在管道上需设置必要的阀门、消火栓、排气阀和泄水阀、给水栓等附件。

1. 阀门

阀门的种类有很多，分有闸阀、截止阀、节流阀、球阀、旋塞阀、止回阀、安全阀、减压阀等。在室外管网中运用最广泛的是闸阀。闸阀是控制水流调节管道内的水量、水压的重要设备，并具有在紧急抢修中迅速隔离故障管段的作用。

输水管道和配水管网应根据具体情况设置分段和分区检修的闸阀。配水管网上的闸阀，不应超过 5 个消火栓的布置长度。

闸阀的口径一般与管道直径相同。但闸阀价格较高，为降低造价，当管径大于 500mm 时，允许安装 0.8 倍管径的闸阀。

闸阀的种类按闸板分有楔式和平行式两种，按闸杆的上下移动分为明杆和暗杆两种。泵站一般采用明杆，输配水管道一般采用手动暗杆楔式闸阀。

工程上还常用蝶阀。蝶阀具有构造简单、外形尺寸小、重量轻、操作轻便灵活、价格低等特点，其功能与上述闸阀相同。

2. 消火栓

消火栓按安装形式可分为地上式和地下式两种。地上式消火栓目标明显，使用方便，但易损坏。地下式消火栓不易损坏，但目标不明显，布置时可根据当地气候和使用条件选择。

消火栓的布置一般根据居民和主要建筑物的分布情况而定。消防规范规定，接室外消火栓的管径不得小于 100mm，相邻两消火栓的间距不应大于 120m。距离建筑物外墙不得小于 5m，距离行车道边不大于 2m。

消火栓和配水管的连接有直通式和旁通式两种，前者是在配水管顶部直接和消火栓连通；后者是从配水管接出支管，再在支管上连通消火栓。连接消火栓的给水管管径应大于 100mm。

3. 排气阀和泄水阀

排气阀的作用是自动排除管道中聚集的空气，一般安装在管网隆起点和平直段的必要位置。泄水阀的作用是排除管道中的沉积物以及检修时放空管道内存水，一般安装在管网低处和平直段的必要位置。

4. 给水栓

给水栓是设置在室外的集中取水龙头。当管线通过没有室内卫生设备的居住区时，就应布置给水栓或取水站。给水栓的位置一般按街坊布局，以方便用水。每个给水栓的服务范围一般为50～100m。在设置给水栓处必须同时修建污水槽和排水管沟。在北方地区给水栓应设有防冻措施。露出地面的立管和龙头可装置在保温筒内，筒内填入保温材料，一般可填锯末或稻糠等。在冬季夜间不用水时，可将圆井中截止阀关闭，把地面上的截止阀或龙头打开，再把放水龙头打开，将立管中的水放空，以防冻坏管道。

（五）调节构筑物

农村给水工程规模较小，供电不正常，多数呈间歇状工作。供水量与用水量在时间上往往出现不平衡，尤其是以地下水为水源时，水泵又多兼作供水管网的压力泵，更容易出现这种不平衡局面。这就需要通过修建调节构筑物作为高峰用水、停电或检修设备时储备水量和稳定水压。因此，调节构筑物也是管网的重要组成部分。

常用的调节构筑物有清水池、高位水池、水塔和气压罐等。不同种类的调节构筑物、不同的布置方式，对输配水管网的造价和运行费用影响较大。一般应通过方案比较确定所选用的调节构筑物种类、布置方式等内容。

1. 清水池

清水池适用于地表水作为水源的给水系统，或是需要处理的地下水给水系统，在管网内无须设置调节构筑物时，或是需要连续供水，可用水泵调节负荷的给水系统以及滤池需要反冲洗水源等场合。其作用主要是调节一级泵站均匀输水和二级泵站分级供水时流量不平衡的矛盾。

清水池的有效容积，包括调节容积、消防储水量、水厂自用水量。调节容量由一级、二级泵房供水曲线来确定。无用水量和供水量资料，可按最高日用水量的10%～25%计算，居住区和工厂消防水量按2h火灾延续时间计算，水厂自用水量可按5%～10%计算。清水池通常不少于两个，以便于检修和清洗。清水池通常采用钢筋混凝土清水池。

清水池是调节水量的构筑物，其形式有矩形、方形和圆形三种。一般宜将清水池建成单独的两池或分成两格。布置清水池的进出水管时，需防止水流短路或造成死角。清水池的进、出水管一般分开设置在不同的部位，促使水流循环。进、出水管分别按最高时的进、出口流量来确定管径，管内流速在0.7～1.0m/s。确定管径时，要适当考虑余量，以满足水量发展的需要。溢水管径不小于进水管径，管上不设阀门，管段有喇叭口，出口设置网罩，防止虫等进入池内。清水池放空管按2h将池水放空计算，最小为DN100。清水池最少设一个检修孔，当清水池容积大于1000m^3时，应设两个检修孔，其大小应当便于管配件和人员进出。清水池应设导流墙，在导流墙底部，每隔一定距离设过水孔，以便于排水。清水池池顶覆土一般为0.5～1.0m，池顶设通气孔；池内配套设置水位仪。

2. 高位水池

利用地形在高地上修建的调节水池称为高位水池，其作用主要是调节配水量，使之适应供水区逐时用水量的变化，保证供水管网所需水压、容积可以在停电、检修期间正常运行。

高位水池的容积计算一般可按清水池计算方法进行。当上述资料缺乏时，可按最高日用水量的25%～40%计算，对于经常停电地区，则可适当放大至最高日用水量的50%～100%。

在山区和丘陵地区，可在高地上修建高位水池，充分利用现有地形条件，采用重力输配水，降低基建投资和运行费用。

利用高位水池作为调节构筑物具有如下优点：

①调节供水量，水泵的流量仅需根据最高日平均时用水量考虑，从而使泵容量减少 2～3 倍，降低了运行费用。

②在有高位水池的供水系统中，输水管的设计流量可按最高日平均对用水量考虑，从而减小了输水管直径，节省了基建投资。

③减小了水厂清水池的容积

④使配水管网中经常保持一定的水压，即使在停电和检修期间，也能保证连续供水。另外，由于管道中始终有压力，故可避免外界污水渗入而造成水质污染。

⑤在没有水处理厂的给水系统中，高位水池可保证加氯消毒的充分接触时间。

3. 水塔

水塔的主要作用是调节二级泵站与用户用水量变化而引起流量不平衡的矛盾。当输水量大于用水量时，多余的水量便储存在水塔内；当输水量小于用水量时，不足的水量由水塔供给，使水量达到平衡。在农村的给水工程中，由于每小时的用水量变化幅度较大，可用水塔来调节水量；同时储存一定数量的消防用水和其他用途的储备水，以保证在间歇供水的停水、设备检修或停电期间，出现火灾或某些管段事故发生时，能有足够的水量。与此同时，水塔还能保证管网所需的水压稳定。

多数水塔采用钢筋混凝土或砖石等建造，但以钢筋混凝土水塔或砖支座的钢筋混凝土水柜用得较多。

水塔主要由水柜（或水箱）、塔身、管道和基础组成。进、出水管可以合用，也可分别设置。进水管应设在水柜中心并伸到水柜的高水位附近，出水管可靠近柜底，以保证水柜内的水流循环。为防止水柜溢水和将柜内存水放空，须设置溢水管和放空管，管径可与进、出水管相同。溢水管上不应设阀门。放空管从水柜底接出，管上设阀门，并接到溢水管上。与水柜连接的水管上应安装伸缩接头，以便温度变化或水塔下沉时有适当的伸缩余地。

水塔外露于大气中，应注意保温问题。因为钢筋混凝土水柜经过长期使用后，会出现微细裂缝，浸水后再加冰冻，裂缝会扩大，可能引起漏水。根据当地气候条件，可采取不同的水柜保温措施：在水柜壁上贴砌 8～10cm 的泡沫混凝土、膨胀珍珠岩等保温材料；或在水柜外贴砌一砖厚的空斗墙；或在水柜外再加保温外壳，外壳与水柜壁的净距不应小于 0.7m，内填保温材料。

水柜通常做成圆筒形，高度和直径之比约为 0.5～1.0。水柜过高不好，因为水位变化幅度大会增加水泵的扬程，多耗动力，且影响水泵效率。有些工业企业，由于各车间要求的水压不同，而在同一水塔的不同高度放置水柜，或将水柜分成两格，以供应不同水质的水。

塔体用以支撑水柜，常用钢筋混凝土、砖石或钢材建造。近年来也采用装配式和预应力钢筋混凝土水塔。装配式水塔可以节约模板用量。塔体形状有圆筒形和支柱式。

砖石水塔的造价比较低，但施工费时，自重较大，宜建于地质条件较好地区。从就地取材的角度，砖石结构可和钢筋混凝土结合使用，即水柜用钢筋混凝土，塔体用砖石结构。

4. 气压罐

气压罐是一个密闭的受压容器，是利用密闭压力罐内空气的可压缩性能储存和调节水量的供水装置，保证管网的连续供水。其作用相当于水塔和高位水池，不间断地定压供水，适用于小型的农村给水工程。由于是借助罐内压缩空气维持，所以不受安装高度限制，可设置在任何高度，因此在设置水塔和高位水池有困难的地方，都可以用气压罐来代替。

(1) 工作原理

气压罐一般由压力罐、补气装置及电器控制设备等三部分组成。

按其主体设备压力罐的补气方式可分为空气压缩机补气、水力自动补气、充给氮气的隔膜式气压供水罐和人工补气等四种类型。

气压罐在工作时，气压罐中的水在压缩空气的压力作用下被输送至给水管网。随着气压罐内的水量减少，空气体积膨胀，压力减小，当压力降至设计最小工作压力时，压力控制器使水泵启动。水泵的出水除供给用户外，多余部分进入气压罐，罐内空气又被压缩，使压力上升。当压力升高到最大工作压力时，压力控制器又使水泵关闭。如此循环，即可完成在一定压力范围内的供水过程。

（2）优缺点

气压罐与水塔相比，具有如下优点：

①灵活性大。气压罐可设在任何高度；施工安装简便，便于扩建、改建和拆迁，供水压力可在一定范围内调节。

②水质不易被污染。隔膜式气压供水罐为密闭系统，故水不易受外界污染。补气式装置有可能受补充空气和压缩机润滑油的污染。但与水塔和高位水池相比，被污染的机会较少。

③投资省，建设周期短。气压罐可在工厂加工或成套购置，且施工安装简便，施工周期短，土建费用较低。

④便于实现自动控制。气压罐可利用简单的压力和液压继电器等实现水泵的自动控制，不需专人值守。

⑤便于集中管理。气压罐可设在泵房内，设备紧凑、占地面积小，便于与水泵等设备集中管理。

但其也有明显的缺点：

①供水压力变化较大。变压式供水压力变动较大，对压力要求稳定的用户不适用。

②经常费用较高。由于气压罐的调节容量一般较小，水泵启动较频繁，除双罐恒压式供水设备外，水泵在变压下工作平均效率较低。对于恒压式供水设备空气压缩机也需频繁启动运行，所以能量

消耗较大，设备寿命较短，经常费用较高。

③耗用钢材较多。气压罐的有效容积一般只占总容积的 1/6～1/3，所以钢材耗用较多。

④供水安全性较差。由于气压罐的容积较小，一旦发生停电或自控失灵，则断水概率较大。

四、农村污水处理

污水是指在人为使用过程中遭受污染而改变了特性的水。因此，污水是由水和污染物质所组成的，它们之间的相互作用便决定了污水的特性。

污水中的污染物种类众多，按其本性可分为有机物、无机物和微生物，它们的形态变化、污染特性、检测分析方法等都有很大的差别。污染物中有一定数量的有害、有毒物质，如不经处理任其排放，会恶化环境、污染水体、毒害鱼类、导致疾病。因此，污水排放前必须考虑处理问题。

（一）污水分类

按照来源不同，农村污水可分为生活污水、工业废水和降水三类。

（1）生活污水。生活污水是人们日常生活中使用过的水，这些污水来自厨房、厕所、浴室和食堂等。生活污水中含有大量的有机物和细菌。有机物易腐烂而产生恶臭，所含的细菌中有大量病原菌，所以，生活污水必须经过适当处理，使其水质得到一定的改善之后才能排入江、河等水体。

（2）工业废水。工业废水是指乡镇企业生产过程中所排出的废水。各种企业的生产类别、工艺过程、原材料以及用水成分的不同，使工业废水的水质变化较大。根据污染程度的不同，可将工业废水分为生产废水和生产污水两类。生产废水是指在使用过程中受到轻度污染或仅水温有所增高的水。如机器冷却水便属于这一类。通常将生产废水进行简单处理后即可复用，或直接排入水体。生产污水是指在使用过程中受到严重污染的水。大多含有有害或有毒物质，具有很大的危害性，需经适当处理后才能复用或排入水体。生产污水中的某些污染物质往往是仍具有很高使用价值的工业原料，应尽量将其回收利用。

（3）初期降水。降水是指地面上形成径流的雨水和冰雪融化水。它比较清洁，但径流量大，若不及时排除可使居住区、工厂等遭受淹没，交通受阻造成灾害，尤其是山区的山洪造成的危害更为严重。通常，暴雨历时短，径流时间集中，流量大，危害最严重。被污染的降水主要是指初期降水。由于初期降水冲刷了地表的各种污染物，污染程度很高，故宜做净化处理。

农村污水实际上是生活污水和工业废水的混合。它的性质随各种污水的混合比例和工业废水中污染物质特性的不同而变化。需要将农村污水妥善处理后才能再利用。

（二）污水评价的水质指标

衡量水在使用过程中被污染的程度，称为污水的水质指标。各种水质指标表示出水中杂质的种类和数量，由此可以判断水质的优劣和是否满足有关要求。其主要水质指标是有机物质、固体物质、有毒物质、pH 值、色、臭、温度等。

1. 有机物质。农村污水中含有大量有机杂质。当有机杂质进入水体后，在微生物的作用下进行氧化分解，使水中的溶解氧降低，甚至于缺氧，严重影响了水中的鱼类生存。当水中的溶解氧耗完后，水中的有机物进行厌氧分解，直至腐臭，使水颜色发黑，严重影响了生态环境卫生。由于水中有机物成分复杂，测定各种有机物成分和含量比较困难。一般采用 BOD 即生化需氧量和化学需氧量 COD 来间接地表示污水中有机物的浓度。

(1) 生化需氧量（BOD）。指水中有机物在有氧条件下被微生物分解过程中所消耗的氧量，单位通常用 mg/L 表示。生化需氧量越高，表示污水中可降解的有机物愈多。污水中可降解有机物在微生物氧化作用下被转化为无机物，所需时间是比较长的，其长短与温度有关。当水温为 20℃时，一般含碳有机物氧化需 20 天左右。因此，20 天的生化需氧量称总生化需氧量。由于测定其时间太长，实际应用中有困难，目前都以 5 日生化需氧量为代表。

(2) 化学需氧量（COD）。指用强氧化剂——重铬酸钾氧化水中有机物所测定出的耗氧量，单位为 mg/L。化学需氧量一般高于生化需氧量，这是因为重铬酸钾所能氧化的有机物不是都可以被微生物降解的。

2. 固体物质。指污水中呈固体状态的物质。固体物质可分为悬浮固体与溶解固体两类。在水中呈悬浮或漂浮状态的非溶解性物质称为悬浮固体，单位为 mg/L。悬浮固体分为有机和无机两种，反映污水泄入水体后将发生的淤积情况：溶解固体表示污水中所含溶解性盐类及其他物质的含量，单位为 mg/L。当含盐量大的污水渗入土壤后，会导致土壤逐渐盐碱化。悬浮固体和溶解固体之和就称之为总固体。

3. 有毒物质。有毒物质是指污水中含有能危害人体的各种毒物的成分数量，用 mg/L 表示。有毒物质大体上可以分为两类：一类是毒性作用明显，易引起人体中毒的物质，如氰化物；一类是不易被人们发现，而是通过食物链的聚集作用，在人体内达到一定浓度才呈现出症状，这些危害一经造成，往往会危害许多人，甚至一代人。如骨痛病就是属于这种慢性中毒引起的。

4. pH 值。pH 值是作为污水呈酸性或碱性的标志。pH 值是氢离子浓度倒数的对数，其值为 1～14，pH 值为 7 时水呈中性，小于 7 呈酸性，大于 7 呈碱性。生活污水一般呈弱碱性，而工业废水则是多种多样。pH 值对水中其他杂质的存在形态和各种水质控制过程有广泛影响，是最重要的水质指标之一。

5. 色、臭、温度。污水呈现不同颜色、气味影响水体的物理状况。新鲜的生活污水呈灰暗色，腐败的污水则呈黑褐色。工业废水可能使水呈现很深的各种颜色。污水常会有使人感觉到不愉快的气味，用鼻闻到的称为臭，用口尝到的称为味，有时臭和味不易截然分开。

6. 大肠菌群和细菌总数。大肠菌群数是每升水样中所含有的大肠菌群的数目，以个/L 计；细菌总数是大肠菌群数、病原菌、病毒及其他细菌数的总和，以每毫升水样中的细菌菌落总数表示。

（三）水体污染对人体健康的影响

水体污染的危害是多方面的，这里简单介绍一下水体污染对人体健康的影响。

1. 引起急性和慢性中毒。水体受有毒有害化学物质污染后，通过饮水或食物链便可能造成中毒。著名的水俣病、痛痛病是由水体污染引起的。

2. 致癌作用。某些有致癌作用的化学物质如砷、铬、镍、铍、苯胺和其他多环芳烃、卤代烃污染水体后，可被悬浮物、底泥吸附，也可在水生生物体内积累，长期饮用含有这类物质的水，或食用体内蓄积有这类物质的生物（如鱼类）就可能诱发癌症。

3. 发生以水为媒介的传染病。人畜粪便等生物污染物污染水体，可能引起细菌性肠道传染病如伤寒、痢疾、肠炎、霍乱等；肠道内常见病毒如脊髓灰质类病毒、柯萨奇病毒、传染性肝炎病毒等，皆可通过水体污染引起相应的传染病。

4. 间接影响。水体污染后，常可引起水的感官性状恶化，如某些污染物在一定浓度下，对人的健康虽无直接危害，但可使水发生异臭、异色，呈现泡沫和油膜等，妨碍水体的正常利用。铜、锌、镍等物质在一定浓度下能抑制微生物的生长和繁殖，从而影响水中有机物的分解和生物氧化，使水体自净能力下降，影响水体的卫生状况。

（四）污水处理的程度

向水体排放污水，在排放之前需要处理到何种程度，是选择污水处理方法的重要依据。在确定处理程度的时候，首先应当考虑如何能够防止水体受到污染，保证不发生公害；同时也要适当地考虑水体的自净能力。通常采用有害物质、溶解氧和生化需氧量这几个指标来确定水体的允许负荷，或污水排入水体时的允许浓度。然后再进一步根据污水排放标准，确定污水处理程度，选择必要的处理方法。

污水处理按处理程度划分，通常分为一级处理、二级处理和三级处理。一级处理的目的是为了去除污水中呈悬浮状态的固体污染物质，常用物理处理法。二级处理的主要任务是大幅度地去除有机性污染物质，常用生物化学处理法。三级处理的目的是为了进一步去除二级处理中未能去除的某些污染物质，所使用的处理方法随所要求水质而异。污水通过一、二级处理后一般能达到国家规定排放水体的标准，三级处理用于对排放标准要求特别高的水体或为了使污水处理后回用。

目前农村污水处理一般分为简易处理和生化处理，简易处理亦称一级处理、机械处理，即采用栅格、沉沙池、筛网等设施来分离和截留污水中的悬浮物和油脂类。生化处理亦称二级处理，它是在一级处理的基础上，通过微生物的生物化学作用，对污水作进一步处理。

（五）污水处理的方法

污水处理方法就是采用各种方法将污水中所含有的污染物分离出来，或将污染物转化成无害物质，从而使污水得到净化。

现代污水处理方法种类繁多，但一般可归纳为物理法、生物法和化学法三类。

1. 物理法。通过物理作用分离、回收废水中不溶解的呈悬浮状态的污染物的废水处理法，可分为重力分离法、离心分离法和筛滤截留法等。以热交换原理为基础的处理法也属于物理处理法。

2. 生物法。通过微生物的代谢作用，使废水中呈溶液、胶体以及微细悬浮状态的有机污染物，转化为稳定、无害的物质的废水处理法。根据作用微生物的不同，生物处理法又可分为需氧生物处理和厌氧生物处理两种类型。废水生物处理广泛使用的是需氧生物处理法，按传统，需氧生物处理法又分为活性污泥法和生物膜法两类。活性污泥法本身就是一种处理单元，它有多种运行方式。属于生物膜法的处理设备有生物滤池、生物转盘、生物接触氧化池以及最近发展起来的生物流化床等。生物氧化塘法又称自然生物处理法。厌氧生物处理法，又名生物还原处理法，主要用于处理高浓度有机废水和污泥。使用的处理设备主要为消化池。

3. 化学法。通过化学反应和传质作用来分离、去除废水中呈溶解、胶体状态的污染物或将其转化为无害物质的废水处理法。在化学处理法中，以投加药剂产生化学反应为基础的处理单元是：混凝、中和、氧化还原等；而以传质作用为基础的处理单元则有：萃取、汽提、吹脱、吸附、离子交换以及电渗析和反渗透等。后两种处理单元又合称为膜分离技术。其中运用传质作用的处理单元既具有化学作用，又有与之相关的物理作用，所以也可从化学处理法中分出来，成为另一类处理方法，称为物理化学法。

化学法通常用于工业废水处理，物理法和生物法普遍用于农村的污水处理系统中。

以上各种处理方法都有其各自的特点和适用条件，它们往往需要配合使用。对于某一种污水而言，究竟采用哪种方法或哪几种方法联合使用，必须根据当地的实际情况、污水的水质和水量、回收利用的经济价值、排放标准、处理方法的特点等，通过调查、分析和比较后确定。必要时应进行科学试验以最终确定经济合理、因地制宜的处理方法。

（六）污水处理技术

污水处理技术包括：固液分离、有机物和可氧化物的氧化、酸碱中和、去除有毒物质和回收有用物质等。污水处理技术的作用是把污水中的有害物质通过各种方法分离出去，或将其分解为无害稳定的物质。污水处理技术中的生态处理技术在农村的污水处理中有两大优势：污水处理成本较低，净化后的水质标准较高。同时，生态处理工程使污水处理与环境生态建设有机结合，在处理污水的同时还可以创造新的农村生态景观。因此生态处理技术是农村污水处理中应优先考虑的技术之一，以下仅选取几种，作一些简单介绍。

1. 污水灌溉

生态处理中使用较多也是较普遍的一种是污水灌溉。污水灌溉是某些经过适当处理的污水达到农田灌溉用水标准后被当做灌溉用水，水质必须严格控制，否则会引起很多问题，比如重金属超标、土地卫生条件恶化、土壤盐碱化等。

污水灌溉又称为污水的土地处理，可作为污水的三级处理。这种方法在国内很多地区得到了应用。污水灌溉的方法一般分为三种。

（1）畦灌。即将污水排入种植作物的田畦后，以薄水层沿地表流动，在流动过程中渗入土壤。这种方法污水与农作物直接接触，卫生条件较差，易使土壤表面板结。仅适用于窄行间距的速生蔬菜如菠菜、油菜和小麦等密生大田作物。

（2）沟灌。即污水在沟渠的流动过程中，渗入渠底和渠壁，使土壤结构处于良好状态，不直接接触农作物，卫生条件好。适用于宽行间距中的耕作物，如棉花、玉米等。

（3）淹灌。即在农田的表面蓄积了较深的污水层，让污水逐渐下渗。这种方法适用于水稻及其他水生蔬菜，如芹菜等。

2. 土壤渗滤

土壤渗滤法又称为生物滤池，是以土壤自净原理发展起来的，滤池内设固定填料，污水流经时与滤料相接触，微生物在滤料表面形成生物膜，能净化污水。

生物滤池由供微生物生长栖息的滤床、使污水均匀分布的布水设备和排水系统组成。该系统对土质的要求较高，一般以土质通透性能强、活性高、水力负荷大、处理效率好为原则，也可以用沙、草炭及耕作土做材料人工配制成滤料，制成人工滤床。生物滤池又分为普通生物滤池、高负荷生物滤池和塔式生物滤池等。

土地处理技术对 BOD、COD、氨氮、总氮和总磷有着较高的去除率，并且投资省，运行费用低，管理简单，维护方便，有净化污水，美化绿化环境和节约水资源的综合效果，适用于我国中部地区广大农村的污水处理。

3. 厌氧生物处理

对有机物含量高的生活污水、污泥及某些乡镇工业废水，不宜直接采用好氧生物法处理，一般应先进行厌氧生物处理，即在无氧条件下，借助兼性细菌和厌氧细菌来降解有机污染物，分解的主要产物是以甲烷为主的沼气。

我国农村推广的沼气池，也是利用厌氧处理的原理，以粪便、草禾茎秆等作为原料制取沼气，并提高肥效的一种方法，所以在有条件的地方，可将污水、污泥的处理与沼气化进行统筹考虑。

第五章　牧区水利

我国牧区草原面积3.33亿hm^2，主要分布在西部干旱、半干旱地区，是我国重要的绿色生态屏障和畜牧业发展的基础资源。牧区草原大多地处我国内陆边境区，边境线长达1.4万km。牧区又是我国少数民族的主要聚居地，涉及全国40多个少数民族的绝大多数人口。搞好牧区水利工作，是维护国家生态安全的迫切需要，是牧区经济可持续发展的基础保障，也是加快西部大开发，实现边疆稳定、民族团结的前提条件。

长期以来，牧区天然草地的退化，造成水源涵养功能日趋减弱；大面积天然荒漠草地严重过牧，土地沙漠化面积不断扩大，保护绿洲生态的屏障作用日趋减弱，绿洲荒漠化程度不断加剧；河流萎缩，湖泊干涸，水质恶化；风沙及沙尘暴危害强度和频率日益增大，生物多样性受到破坏，已成为影响牧区社会经济可持续发展和人类生存的主要因素之一。牧区水利建设投入很少，水利基础设施建设滞后，制约了灌溉饲草料地、人工补灌天然草场和牧民定居、舍饲等牧业现代化建设的发展，无法实现有效的生态置换，使本来就十分脆弱的草原生态更加恶化。

牧区水利建设已成为草原生态保护和草原畜牧业发展的必由之路。目前，草原生态保护与畜牧业的发展、牧民增收已成为主要矛盾，要实现畜牧业的发展、牧民增收，同时要使草原生态得到保护，就必须要通过加快牧区水利建设，建立可靠的人工饲草料基地，解决牧民定居，实现牲畜冷季舍饲，合理确定天然草地载畜量，减轻草原牲畜过载放牧压力。只有建立了饲草料基地，才能解决牧民牲畜饲养的出路问题，才可能实现真正意义上的退牧还草，才能使天然草场围栏、禁牧、轮牧、休牧等措施得以落实和见效，也才能实现草原生态保护和牧民增收的“双赢”目标。

我国辽阔的草地是发展畜牧业的主要饲料来源，也是各类牲畜重要的放牧基地。因此，合理地利用、改良、建设和保护草地，使它正常地生长非常重要。而这一切都离不开对放牧畜牧业进行正常的供水。

一、牧区饮水点的选择和布局

放牧畜牧业的定居点是在整个牧场内游动或不断地转移。饮水点关系到定居点今后的人畜健康和有关建设的开展。应该在牧场的一定地点布置一些供应人畜饮水的处所，即饮水点。

牧区供水有其不同的特点，在不同的季节、不同的气候条件下，牧场放牧供水的时间也不相同。一般在草原地区为170～200天，在高山地区约为70～80天。在多数场合下，牧区供水缺乏合适的动力，实现机械化抽水比较困难。此外，在牧区中合理地选定饮水点的位置和划分最佳饮水区也是个很重要的问题。因为大量的牲畜都在一个饮水点饮水用水，要根据牲畜头数和需水量大小合理地确定饮水点。为了合理地利用牧场草地，可以将草地分为若干个牧区，每一区分配一定数量的牲畜（牛150～200头、马50～100匹、羊600～800只），这些区按牧场的轮换系统的一定顺序予以轮换。每一区应尽可能保证有单独的饮水点，饮水点的多少决定于牧区的大小和二饮水点之间牲畜通过的距离。而牧区的大小又取决于饲养牲畜的多少和不同时期牧场饲料的生产率。

家畜饮水的次数应视家畜种类、气候状况、饲料的含水量不同而定。奶牛需要较多，春季每天至少3次，夏季最少4次，同时最好每隔2～2.5h饮水一次。成年马每天饮水2次，羊每天1～2次。如果有青草吃，饮水又比较困难，每1～2天饮一次也可以。气候冷、湿度大也可以减少饮水次数，在气候干热少雨时，也可以增加饮水次数。

每个饮水点的供水范围应该多大，这是饮水半径问题。确定饮水半径的原则是使牲畜往返不会疲劳和不致使畜产品下降。饮水半径与牲畜品种、习性、当地地形、牧草生长状况等有关。乳畜、母畜及体弱病畜的饮水半径应短些，冬季和春季牧场上饮水半径可长些。饮水半径的大致距离为：羊2～5km，牛5～7km，马7～10km，骆驼10～15km。井距一般不应超过饮水半径的两倍。内蒙古牧区最适宜的井距：筒井为10～15km，控制面积为20km^2；管井不应少于20km，控制面积不应少于300km^2。

研究表明，饮水半径减小后，畜产品便增加。例如饮水半径为1km时，奶牛出奶量为100%，当饮水半径增大时，出奶量便很快降低。但是，饮水半径减小，增加了饮水点数目和建筑费用。只有在加密饮水点所增加的畜产品量和所增加的建筑费之间，进行技术经济计算，寻求综合效益最高时所对应的饮水半径作为最佳饮水半径。

布置饮水点时还应该考虑集聚牲畜和水车储水方便，而不在山沟、沼泽地和被洪水淹没的地方。按动物卫生学的观点看，饮水点不应设于公共利用的牲畜道上。应尽可能设在饮水区的中心。

在驱赶牲畜时（如轮换牧区），饮水点的布置距离为：边赶边牧的为8～12km；直驱的为18～25km。在热天，饮水点之间的距离应适当缩减上述距离的1/2～2/3。

饮水点的昼夜用水量按当地不同条件变化在4～20m^3。即供一牛群的饮水点为10～20m^3/d，供一羊群的饮水点为4～12m^3/d。一个饮水点的年用水量约为：对牛群为2000～4000m^3，对羊群为1000～3000m^3。

各地区情况不尽相同，上述指标应该结合当地情况加以修正。

二、牧区供水要求

对牧业的供水要求是指在水量、水质方面满足畜牧业生产的要求。

（一）牧草供水

根据青海省畜牧所用播种当年的披碱草进行灌水试验数据，在分蘖和拔节期分别灌水各一次，增产50％～90％。禾本科牧草从分蘖到抽穗，豆科牧草从孕蕾到开花以前，都需要大量的水分。这是灌水的主要时期，有条件地区应该及时进行灌溉。在冬季积雪不多，春旱比较严重的地区，要在深秋上冻前或春季解冻后，进行冬春浇地。这样做不仅能增加土壤含水量，而且还可以提高地温，保证牧草苗全、苗壮。春灌能使牧草提前出苗3～5天，促使多年生牧草提前返青。也能收到显著增产（20％～30％）的效果。如果能在灌溉和翻地前结合施入适量的有机肥料，增产效果更为显著。此外，灌水之后应进行松土，防止表土板结，影响幼苗生长，也有一定的增产效果。

牧草的需水量一般要比农作物高。一年生谷类作物每制造1g干物质消耗水分250～400g，而多年生牧草则平均需要消耗水分600～700g。所以，有条件地区也需要对饲料草地进行灌溉。灌溉方式主要是自流漫灌，有条件地区也可以采用以下三种方式：

1. 畦灌

草畦一般沿着最大地面坡度方向布置，最适宜的地面坡度为0.001～0.015，最大纵坡不应超过0.02。草畦面积的长为50～150m，宽为3～6m，埂底宽一般为20～25cm，高10～15cm。

2. 沟灌

沟灌又可分为以下几种形式：

（1）连通浅沟

浅沟长度在透水性中等的土壤上，为80～100m；在黏质土壤上为 100～150m。沟深为 8～12cm，上口宽 20～35cm。

（2）中深沟

沟长 80～100m，深 12～20cm，宽 25～35cm。

（3）深沟

深度为 18～25cm，底宽 10～18cm，上口宽 40～50cm。沟长与沟间距可参见表 5－1。

表 5－1 沟长与间距

透水性	长度/m	间距/cm
大	30～50	40～60
中	50～70	60～70
小	70～80	70～80

3. 喷灌

喷灌技术与普通农作物情况相同，喷灌强度应与土壤透水性相适应，如表 5－2 所示。

表 5－2 不同土壤的喷灌强度

土壤质地	喷灌强度/mm・min^{-1}
重壤	0.1～0.2
中壤	0.2～0.3
轻壤	0.5～0.8

饲料牧草的灌溉定额视不同地区、品种而不同。在内蒙古西部荒漠半荒漠地区，每亩灌溉定额在 3000m^3 以上；在内蒙古东部草原地区则由于天然降雨的补充，仅 1500m^3 即可。灌溉牧草的水质符合农田灌溉水质标准即可。

（二）牲畜供水

在生产中，保证家畜有足够的饮水和用水，有利于维持畜体健康和提高家畜的生产性能。家畜水量消耗的多少，随家畜的种类、品种、年龄、利用特点、生产性能、水的成分和品质、饲料种类以及气候与季节等条件而异。其耗水量还与供水条件有关，例如在采用家畜自动饮水器时，耗水量则可比一般家畜耗水量增加30%～50%，在以放牧畜牧业为主的地区，家畜终年靠天然放牧饲养，仅在冬春季节，老弱家畜有些补饲，所以其耗水量即为家畜的饮水量。

每头牲畜每日需水量如表5－3所示。表中数字多按一般标准状况考虑的，未能充分反映畜群中各种生理状态的个体以及品种、性能等差异。天气越热越干燥，家畜相对需水越多。马在冬季饮水可减少30%，绵羊减少50%，其最高与最低的差额可达30%～50%。冬季降雪，家畜还可以直接吃雪，不用饮水进行放牧。

随着生产的发展，条件的改善，牲畜饮水还要在卫生设施方面进行提高，防止疾病的发生和流行。

水源水质直接影响家畜的生长、发育、繁殖性能和生产性能，如怀孕初期的母羊由于饮用高矿化度的水，可以引起流产。水源如果被病原微生物、寄生虫或寄生虫的中间宿主等污染，为家畜饮用后则可引起各种疾病的传播，影响很大。在水源缺乏的地区，不得不对水源水质标准予以降低，主要取决于家畜是否乐意饮用。当然这是不卫生、不科学的。

家畜饮用水的水温，尽可能在0℃～15℃之间，过冷的水会减少牲畜的生产率、膘情和消耗大量饲料，过热也不适宜。

家畜饮用水按其矿化度的大小，可分为五级，如表5－4所示。按家畜生态的要求，以矿化度小于1g/L的淡水为理想。但生产实践证明，家畜饮用水的矿化度为1～3g/L时，对于家畜也是无害的。在家畜的用水水质评定中，一般可以矿化度3g/L作为标准来考虑。在一些缺水地区，矿化度在3～10g/L时，家畜经过一定的适应也可饮用。有个别畜种及品种，具有对高矿化度水很强的适应能力，例如骆驼及卡拉库尔羊。

表 5—3 每头牲畜昼夜需水量

畜别	需水量/L	
	舍饲	放牧
哺乳母猪（带仔）	100	55
怀孕或阉猪	45～50	25
育肥猪	25	15
断奶仔猪	15～20	15
人工挤奶的奶牛	90	50
机械挤奶的奶牛	115	—
肉用牛	15～60	40
育成牛	60	40
犊牛	35～40	20
种马	75～80	50
母马	50～70	35～45
一岁半以下幼马	40	30
一岁半以上幼马	50	40
役马	60～70	50
成年羊	8～10	6
羔羊	3～4	2
骆驼	—	50～60
鸡	0.5	—
鹅和鸭	0.25	—
火鸡	1	—

表 5—4 水的矿化度分类

水的分类	矿化度/$g \cdot L^{-1}$
淡水	＜1
弱半咸水	1～3
强半咸水	3～10
咸水	10～50
盐水	＞50

家畜可饮用水的化学类型有 HCO_3^- Ca，HCO_3^- Na，HCO_3^- Mg，SO_4^- Ca，SO_4^- Na，SO_4^- Mg，Cl^- Ca，Cl^- Na 以及硝酸盐等。最适宜的化学类型以重碳酸盐类型（HCO_3^- Ca 和 HCO_3^- Na）为最好，硫酸盐类型（SO_4^- Ca，SO_4^- Na）次之。亚硝酸盐过量会引起家畜中毒，产生神经疾患，$MgSO_4$ 含量过多则会引起家畜的消化道疾患。饮水中所含的氯化物和硫化物，如果是以有机物质为来源的，同样不宜供家畜饮用。同时要注意一些污染物质带入水中而对家畜引起的危害，如苯、酚、汞、铅、氯、有机磷等。家畜的饮用水还不能有病原微生物和寄生虫或寄生卵存在。一般情况下，马对水质的要求最严格，甚至水稍有混浊就不愿饮用了，其次是牛。羊与猪对水质的要求不如马、牛严格。羊对高矿化度水适应能力较强。此外家畜饮用水中不允许含有毒化合物，如重金属盐、砒霜等，饮用水的总硬度应不超过 30～40 德国度。地下水是饮用水的主要水源之一，地下水的总硬度相当于 20～30 德国度。

按上述标准衡量，我国牧区的水质基本上是好的，除了局部地区含高矿化度水或被污染的积水外，基本上符合家畜对饮水水质的要求。

三、牧区供水工程设施

牧场的供水中心或饮水点需设有各种供水建筑物和设备，以保证工作人员和牲畜的用水，如取水构筑物、扬水设备、蓄水池和设有饮水槽的饮水站，还可以用流动水车送水至饮水点。

筒井取水工程是由筒井将水抽扬至一定高度，沿管道流入蓄水池，再由蓄水池放水入饮水槽，饮水台面砌以片石，用以排除污水至排水沟中。蓄水池起到调节蓄水量的作用，要有一定的容积，保证牲畜一定的饮水量要求得到满足。

蓄水箱可以用木板拼成，架在台上，也可以用可拆卸的帆布和橡皮布制成。这种蓄水池的帆布边缘上做有扣孔，用绳子系于木桩上。

饮水槽有木质和砖石两类，常用的是木制饮水槽。它采用3～5cm厚的木板，每隔1～1.5m加一根撑木，在撑木上再包钉扁铁，在槽壁上应设溢水孔，在槽内设放水孔，用木塞堵住，如图5－1所示。

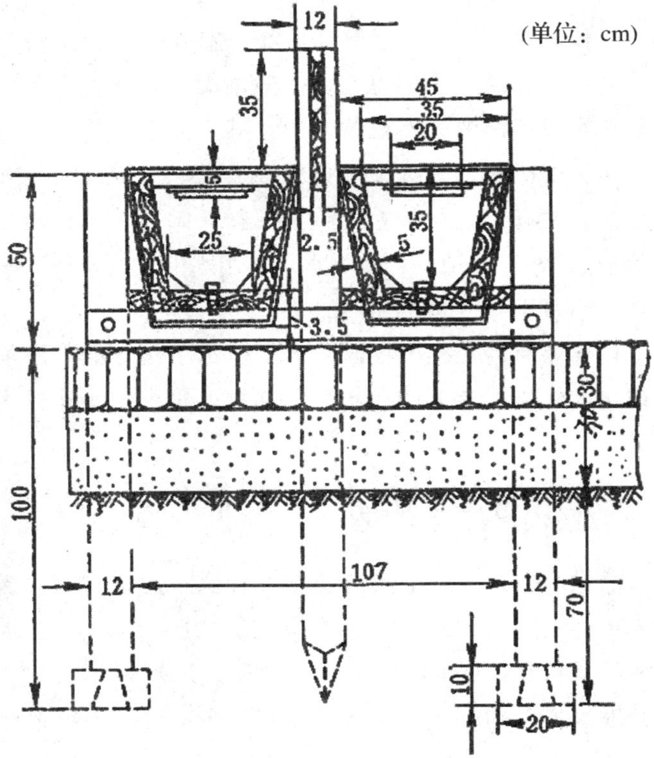

图5－1 木质饮水槽

单面饮水槽的尺寸如表5－5所示。

表 5—5 单面饮水槽尺寸

牲畜类别	槽深/cm	内宽/cm		槽高/cm
		上宽	下宽	
牛	35	35	25	40～60
羊	20	30	20	30～40
马	35	40	30	60～70
猪	25	30	25	25～30

四、牧区水利建设

水是农业的命脉，也是畜牧业的命脉。有水就有草和料。它是实现饲草饲料高产的关键。我国北方牧区十年九旱，把水放在第一位，就是抓住了草地建设的主要矛盾。我国畜牧业生产的不稳定性，绝大多数是与当年降雨量有密切的关系，一些地区的草地严重退化或一些草地至今不能开发利用，也往往是由于缺水或水源布局不合理造成的。因此，建立稳产高产的放牧场和人工打草场的首要技术措施，就是与干旱作斗争，搞好草地水利化建设。截至 2000 年，牧区已建成水库 1060 座、塘坝 7216 座、扬水站 4366 座、引水渠 8.38 万 km、引水管道 3.26 万 km、集雨工程 83.43 万处（水窖 7.63 万处）、取水井 23.66 万眼、村镇供水工程 2.45 万处；总设计供水能力 418.40 亿 m^3。2000 年，牧区总供水量 409.27 亿 m^3，其中：地表水工程供水 321.16 亿 m^3，地下水工程取水 88.11 亿 m^3。供水能力基本满足现状用水需求。从行业用水来看，农田灌溉用水 261.44 亿 m^3；饲草料地灌溉用水 38.44 亿 m^3；人工改良草场灌溉用水 14.88 亿 m^3；林地灌溉用水 40.45 亿 m^3；城镇生活用水 8.20 亿 m^3；牧区人畜饮水 14.12 亿 m^3；工业用水 14.17 亿 m^3；其他用水 17.57 亿 m^3。牧区的用水大户为农田灌溉，其用水量约占总用水量的 63.88%，用水结构不合理，灌溉草业发展严重滞后。

虽然近年来采取拦洪、打井、建立中小型水库等办法，改善了草原牧区的供水条件，但仍有许多干旱缺水草地。为了挖掘和利用这些缺水草地资源，建设稳产、优质、高产的畜牧业生产基地，必须因地制宜地进行一系列的水利建设。

我国草原地广人稀，牲畜分散。草原水利建设应该坚持“小型、多样、分散”的原则，蓄、引、提、截各种措施相结合，这样才能收到投资少、见效快的效果。具体的工程措施有：

1. 拦截地表水

地表水水源工程以中小型水库、塘坝、自流引水渠首工程和扬水站为主要形式。重点建设区为东北松嫩流域及大兴安岭北麓，新疆阿尔泰、伊犁及天山山前地区，甘肃、青海、黄河流域及祁连山前地区，川西北三江源区，西藏一江两河及藏东南地区。

我国局部草原地区，地表水资源较丰富，如呼伦贝尔草原境内就有海拉尔河，莫莫勒格尔河等；除较大的贝尔湖外，还有长期可以利用的中小湖泊 174 个，季节性可利用的湖泊水泡 214 个。内蒙古西部和西北部等地的干旱荒漠草原上，也有不少的河流、湖泊和山泉。

内蒙古阿巴嘎旗敖宝力格的引泉工程，延长了牧畜饮水线，开辟了缺水草场 $600hm^2$，除解决了 8000 多头牲畜饮水外，还把多余的水用塘坝储存起来，灌溉草场。黄旗 26 处截潜流工程，除供牲畜饮用外，还灌溉基本草场 $86.7hm^2$，平均亩产干草 300kg。青海省共和县切吉乡，用筑堤截流、开渠引水的办法，5 年共修渠 28 条，总长 213km，灌溉草原 $1.33\times104hm^2$，构成了百里草原灌溉网，连续灌溉 7 年的草场，产草量提高了 7.3 倍。

1979 年，国家在内蒙古额济纳旗荒漠草原上的弱水中游，修建了一座规模较大的永久性草原水利工程，可控制下游沿河两岸 $1\times105hm^2$ 土地的用水，使大面积的天然草原和人工饲草饲料基地得到了合理灌溉。

我国草原7～9月份降雨量较大，河湖水多，常有山洪发生。利用洪水灌溉草原，可以变害为利。

2. 开发地下水

地下水水源工程建设重点区域为沙地、灌区周边等地下水较丰富地区，如毛乌素、浑善达克、科尔沁以及阴山北麓各构造盆地、祁连山山前构造断裂盆地、塔里木盆地周围等现代冲洪积区。

我国西北地区，由于周围有高大的冰山雪峰，而中央低洼，若干年以来冰雪融化下渗，形成了丰富的“地下海”和“地下湖”。已经查明，阿拉善左旗北部的荒漠草原地区，地下水的分布面积近 $1.6\times10^{6}hm^{2}$，可开采量每昼夜达 1.7×10^{6} 吨。

在草原地区开发地下水主要是采用挖大口井、打机井和拦截地下潜流等方法。

打井是解决人畜饮水、改良天然草场、灌溉饲料基地、开辟缺水草场、提高草原生产力的主要措施。可以弥补地上水少和分布不均匀的缺陷，适于小型、分散和以畜群为单位经营的生产特点。也是由粗放的游牧逐步过渡到定居轮牧、划区轮牧必要的水利工程。

在地下水位浅，岩层富水性较差地区，宜尽量采用大口井或挖干塘的方法，以扩大积水面积，增加出水量。如内蒙古镶黄旗新宝力格乡的查干德尔苏，在干沟草库伦内打了一眼直径40m的大口井，井深5m，水深3m，可灌溉饲料基地 $33.3hm^{2}$，效果很好。

坎儿井是新疆各族人民长期利用潜流水的结构形式。它是在地下潜流沿线每隔20～30m处挖一口井，并在井底按水的流向挖渠，渠道与竖井相连，也称井渠。用提水工具可直接在井渠中提水饮用或灌溉草原。有条件的地方，可以把打井和截潜流结合起来，效果更好。

3. 积蓄天然降水

我国北方草原，高度多在海拔 1000～1500m 之间，高差较小，平坦而开阔。由于地处内陆，受海洋性气候影响较小，年降雨量一般在 100～450mm，从东南向西北递减。雨量多集中在夏季，约占全年降雨量的 70%以上，并且常以暴雨形式出现。这些地区又多由泥岩构成，透水性差，因而有利于地表径流的聚积。可沿天然坡面开挖截水沟渠，使水汇集于沟渠中，再引入蓄水池。有条件的地方还可以再修建一些防渗、防污染和沉淀的设施。

在土层深厚、土质黏性大而地下水位又比较深的宁夏、甘肃和陕北等草原地区，可以采用人工开挖旱井的办法收储雨水，作为旱季人畜饮水和灌溉草原之用。

在山里还可以修筑土谷坊（淤地坝）、闸山沟等以蓄截地面水，然后再引入草原进行灌溉。

雪是天然降水的固态形式，积雪也是充分利用地表水的方式之一。放牧牲畜都有吃雪的生活习性，这对于利用积雪开发缺水草原是有益的。对于分散在草原上的积雪，还可以通过挖旱井与蓄水池的办法将它积蓄起来，以备在冰雪融化后的暖季供牲畜饮用或灌溉草原。

上述这些工程措施和具体事例都表明这些水利建设项目是成功的，应该在今后继续进行兴建，以便扩大效益。

可见，为了创造一个较好的牧业供水条件，必须充分开发利用一切水利资源，不仅包括地下水，而且要最大限度地利用一切地表水资源，同时也努力积蓄天然降水，通过多种途径，进行草原牧区的水利建设。

第六章　农村水环境和生态环境建设

一、河道整治

农村河道整治，要以提高农村人民的生活环境质量为目的，重点突出“清水”、“生态”理念，强调功能与生态并重、建设与管理保护并举，把农村河道水环境建设作为建设社会主义新农村、整治农村环境的重要切入点，将农村河道水环境建设与保护工作引向深入。如何治理农村河道，改善水环境质量，成为立足当前与长远亟待解决的重要课题。长期以来，由于投入不足、管理薄弱，造成河道淤积严重，功能衰退。目前的农村河道治理状况与人民群众的要求仍存在着一定差距，实施农村河道和干沟渠清淤整治，通过清淤扩容、疏通水系、整治岸坡、配套建筑物改造等，恢复和提高农村河道应有功能，不仅有利于改善农村环境质量，也是全面推进生态建设、促进人与自然和谐共处的有效手段。

（一）整治措施

农村河道水环境综合治理面广、量大，河道的大小、功能、层次不一，沿河环境复杂，治理措施也因地而异。农村河道应进行分类分级治理。目前主要有以下四种典型的河道建设模式。

1. 骨干河道。骨干河道的主导功能是行洪排涝，这类农村河道原本滩地较开阔，洪水期水流漫滩，利于行洪滞洪。但是目前河道淤积、滩地被占、污水直排入河现象普遍，严重影响了原有的蓄洪排涝能力。针对这一情况，该类河道设计保障 20 年一遇洪涝排水能力，重点突出“生态”与“休闲”功能。

采取的主要整治措施有：①坚持常年疏浚，不断推进河道清淤，沟通水系。采用机械及人工开挖等方式，增加河道水深及过船能力。②河道拓宽。根据行洪排涝要求，通过地形地质条件踏勘，对河道进行单边拓宽，增加河道过流断面，以降低洪水水位，减少洪峰压力。③砌石护坡。骨干河道汛期洪水量大流急，因而河岸采用浆砌块石护坡，以提高抗冲刷能力，保证行洪安全。④恢复滩地，实施绿化。河道拓宽后，顺应河势，恢复两岸河滩，并实施绿化景观工程。尽量恢复河道的天然形态，保留弯道，弯曲的河流及滩地非常有利于生物多样性发展，为各种生物创造了适宜的生存环境。⑤综合开发利用。在维持滩地行洪功能的同时，利用滩地设置河滨公园、交通辅道和小型野外活动场所，发挥休闲、亲水功能，使其生态系统服务功能价值得到全面发挥，成为人们娱乐、健身、垂钓、游玩的好去处。

2. 进村河道。进村河道是指进出村庄的主要河道。对于进村河道的建设，重点突出“清水”与“生态”功能，坚持河道建设与周边环境的协调，为村容村貌的改善锦上添花。

采取的主要整治措施有：①综合清理。这类河道原本管理薄弱，通过对河道进行清淤、清障、清垃圾的综合治理，河道环境状况有很大改观，群众对河道保护意识也有提高。②复合型护坡。正常水位以下采用干砌石挡土墙，正常水位以上采用毛石堆砌斜坡、自然植被土坡、松散抛石等护坡形式，丰富水生动植物生存空间。③绿化美化。结合河道周边环境状况，因地制宜实行两岸绿化，美化河道环境，突出乡村风貌。

3. 景观河道。景观河道是指位于主要公路两旁或流经农村集中居住小区和生活区的河道。对于景观河道的建设，重点突出“景观”与“亲水”功能，坚持河道建设与景观建设有机结合，为广大居民创造一个休闲舒适的生活环境，展现典型的农村河道特色。

采取的主要整治措施有：①疏浚展宽。对河道淤积进行疏浚，对狭窄而有展宽条件的河段进行适当拓展。②修建构筑物，创造水景观。在河道中设置潜坝、翻水坡及导流坝等，其使用材料多为土石料、混凝土等。通过改变水流形态，丰富水体景观。③生态型护坡。主要采用大块鹅卵石堆砌、干砌块石、松木桩等护岸方式，使河堤趋于自然形态。④设置亲水平台。通过建设河埠头及亲水平台，拉近人们与水的距离，还原人水亲密接触场景，营造人水和谐的自然状态。⑤配套景观建设。在河道两岸设置绿化景观带，并配套建设娱乐活动设施，为人们提供健身、休闲、娱乐的最佳场所。

4. 田间河道。田间河道是指分布于田间地头的各类小河道。对于田间河道的建设，在发挥防洪排涝、蓄水灌溉等功能的前提下，重点突出“自然”与“生态”。尽量维持河道原貌，减少由于工程对自然面貌和生态环境的破坏。

采取的主要整治措施有：①自然护坡。在进行清淤清障和建设护坡时，除个别冲刷严重河岸需筑堤护坡外，尽量维持原有的自然面貌，保持天然状态下的河滩、岸线形态。②裁弯取直。对于田间一些蜿蜒性河道采取适度的裁弯取直，既增加河段排涝能力，又能满足农业产业化发展的需要。③植物加固。对个别受冲刷严重的天然河堤内侧可采用种植水杉、芦苇等植物，加固自然护坡，满足水土保持和美化环境的需要。

（二）水环境保护

河道水环境建设与保护是一个系统工程。为了巩固河道整治成果，发挥河道综合效益，应坚持建管并重的理念。在搞好河道工程建设的同时，注重水环境的长期管理与保护。

1. 截污治污，加强管护。废污水的无序排放是农村河道水质恶化的主要原因。要彻底改善水质，必须严格控制点源污染、减少面源污染、治理内源污染。针对实际情况，采取截污措施来削减进入河道的污染物总量，以改善河网水质。将乡镇企业、养殖场等污水集中收集到污水管网，并实施集居地生活污水收集管网建设；同时加强宣传教育，规范生活垃圾收集处理，改变人们将垃圾往河道倾倒的陋习。在截污的同时，充分利用现有河道的滩地、水面，保护河道水生态环境，提高河流水体自净能力，达到吐故纳新、流水不腐的效果。

2. 植物种植，生态放养。通过采取截污、保洁等措施后，河流中的富营养化、混浊、透明度难以提高等问题依然存在。而植物种植、生态放养措施的实施，对改善河道水生生态系统的结构和功能，调节水生生态系统的平衡，净化河道水质起到了很好的作用。通过种植一定面积的高等水生植物，如美人蕉等，在水陆交错带，配备其他的水生植物群落，包括沉水植物、挺水植物（如芦苇）、浮水植物等，同时在河中放养鱼、蚌、螺等滤食性及观赏性鱼类。通过动植物对水体进行的过滤、吸附、沉淀、离子交换、吸收和微生物分解，一方面对污染水体进行高效净化，使富营养化的水体变清；另一方面营造了良好的水生态景观，水生动植物多样性得到自然恢复。

3. 定期维护，落实保洁。为保持已治理河道的水面清洁，巩固河道治理成果，成立河道保洁中心，负责河道日常保洁及水生植物的管护工作。通过配备专业保洁人员、落实专项资金、制定相关考核制度，保证河道保洁工作的顺利开展。保洁中心为群众参与河道管理提供了平台，农民群众对河道保洁监督踊跃，自身环保意识提高，可有效促进河道保洁工作。保洁工作的顺利开展对改善河道水质、维护水生态系统稳定、提高水环境承载力都起到了很好的作用。

（三）注意事项

河道治理必须着眼于人民群众的生存条件和生活环境，构筑新型的人与河流的主客体关系，实现人与河流协调共存、和谐发展、有机统一，绝不能重蹈先污染后治理的覆辙。为此，提出以下建议：

1. 科学规划设计，充分发挥河道治理的综合效益

根据农村河道的不同层次、不同功能，坚持科学规划，实行综合治理，合理利用水土资源。把农村河道治理与土地复垦、路桥建设、环境整治、植树造林、发展水产养殖、新农村建设等有机结合起来，统筹解决好水安全、水资源、水环境问题，充分发挥农村河道整治的经济效益、社会效益和生态效益，营造良好的农村发展环境和人居环境，实现良性互动，立足于系统和发展的观点，建立一个全面和长远的河道整治规划。一方面，要从总体上进行水系整治，综合治理农村河道；另一方面，加强公共河道不同水域的同步治理，做到统一规划、统一施工、统一管理，力争河道功能全面系统恢复。

2. 加大河道治理力度，全面改善河道水质

长期治理和重点治理相结合，着重解决群众反映强烈的河道环境问题。加强对镇村级河道清淤整治，提高河槽容量。河道淤积严重，可能抬高河床和水位，既易造成洪、涝灾害隐患，也大大降低了河道的自净能力；同时由于河道淤积严重，流水不畅，也不利于水资源的调度。因此，要抓好河道的疏浚工作，提高河槽容量，增加地表水的径流量。在传统的沟通水系、疏浚、调水等治理河道措施的基础上，加强科学研究，探索采用国际国内先进技术如微生物去污、培养水生植物吸附净化去污等，进行河道治污，达到提高水质的目的。同时加强沿岸水土保持的建设，积极提倡利用自然植被的生物型生态河岸，严格控制石驳岸砌筑的规模，尽可能节约资源，保持河道的生态环境，提高河道的生化功能。

3. 增加资金投入，保证镇村级河道治理工作的有序推进

各镇、街道要落实、增加本镇（街道）河道疏浚和治理黑臭的资金；在资金安排上要把河道疏浚、河道保洁人员经费、日常养护运行费列入年度财政预算，保障经费。强化污水处理收费制度，无论该镇、村污水是否已经纳入污水总管，只要使用自来水，就必须

交纳污水处理费，其收入一部分归地域污水处理厂，一部分用于污水收集子系统建设和日常维护，同时对污水处理费的使用加强财务监督，确保专款专用。

4. 加大环保执法力度，完善长效管理机制

重点对擅自填堵河道、乱占岸线、污水直排河道、破坏水利工程设施等进行查处。对直排水系的污染单位与企业，特别是对排污大户的排污状况进行监督监测，用数据讲话、罚治结合、监帮结合，鼓励和督促既是利税大户又是排污大户的企业改进工艺，提高污水预处理能力，以确保废水达标排放，减少对河道水系的水质污染。针对部分企业存在偷排、超标排放的现象，加大对各类污染源的监管力度，从源头上防止新的污染产生，巩固现有环保整治成果。严格执行对经济发展规划和建设项目的环境影响评价，防患于未然，杜绝危害环境与资源的项目建设，并贯彻“谁开发，谁保护，谁破坏，谁受罚”的方针，明确开发建设单位保护水体环境的责任。

5. 加强全民宣传教育

进一步加大宣传力度，以多种形式经常对河道综合整治工作进行全方位宣传报道，让群众真正认识到河道整治的重大意义，体会到河道整治带来的实惠。

从建设社会主义新农村的角度，把保护水资源提高到基本国策的高度来认识，着重从企业应当承担的社会责任与全民应当养成良好文明的行为方式两个方面加强全民素质教育的宣传。治污不如绝污，因此，我们的全民宣传教育不应该是自上而下的传授教育，也不是规模宏大的宣传运动，更不是简单的说教，应该是身体力行，耳濡目染，教学相长的双向教育。无论是政府官员还是企业老总，都应从我做起，通过潜移默化的渗透来感化广大群众，从而达到齐抓共管、全民参与的良好局面。

掌握舆论导向，利用电台、电视台、政府网站等媒体和村（居）

委会，宣传《中华人民共和国水法》、《中华人民共和国水污染防治法》等法律法规，并以谈话类节目结合动漫演示和公益性广告的方式方法，向全民广泛宣传水资源在人类生存、生活中的重要作用，以及生活陋习对河道污染的危害性。水是生命之源，没有水，就没有生命，也不会有社会；没有干净的水，就没有生命的健康，也不会有社会的和谐。以此强化全民的危机意识，使广大群众充分认识到加强水资源保护也就是保护自己的生存环境，从根本上提高全民保护水资源的自觉性。

二、水土流失治理

水土流失是在水力、重力、风力等外力的作用下，水土资源和土地生产力的损失和破坏，包括土地表层侵蚀及水的损失。水土流失与非点污染源是一对密不可分的共生现象。所谓非点污染源为没有确定空间位置的污染源，也叫面源。非点污染源分散、范围大、难于监测和控制，具有不能用排放标准来衡量的特点。非点污染源的载体主要集中在地表径流，污染物质主要是氮、磷等营养物质和农药。农业的发展及维持要求不断向土地投入化肥农药，其结果污染了土地并通过水土流失将污染物输入各类水体，造成了土壤有机质的迅速下降、土壤结构的破坏以及肥力的普遍衰减。

水土流失与土壤侵蚀直接影响水环境的水量和水质两个方面，主要集中在：①侵蚀泥沙本身就是非点源污染物，造成江河湖泊泥沙淤积，水体混浊，降低了江河湖泊的防洪泄洪功能；②侵蚀径流和泥沙携带大量的化肥农药等污染物进入水体，造成水体富营养化引起水环境恶化；③由于侵蚀泥沙和所携带的化肥、农药、病菌等污染物的进入，影响了水生生物的生存环境，进而影响了水生生物的生长。因此，水土流失不仅使得农业资源遭到破坏引起土壤退化，降低了土地生产力，而且造成水环境的非点污染源和水质的恶化，已经成为当今农村水环境面临的主要问题之一。

为了加强农村生态建设与保护，切实改善农民生产生活条件和环境，需要对水土流失进行综合治理，其措施主要是：

（一）水土保持工程措施

水土保持工程措施是小流域水土保持综合治理措施体系的主要组成部分。水土保持工程研究的对象是斜坡及沟道中的水土流失机理，即在水力、风力、重力等外力作用下，水土资源损失和破坏过程及工程防治措施。

我国根据兴修目的及其应用条件，水土保持工程可以分为以下四种类型：①山坡防护工程；②沟道治理工程；③山洪、泥石流排导工程；④小型蓄水供水工程。

山坡防护工程的作用在于用改变小地形的方法防止坡地水土流失，将雨水及融雪水就地拦蓄，使其渗入农地、草地或林地，减少或防止形成面径流，增加农作物、牧草以及林木可利用的土壤水分。同时，将未能就地拦蓄的坡地径流引入小型蓄水工程。在有发生重力侵蚀危险的坡地上，可以修筑排水工程或支撑建筑物防止滑坡作用。属于山坡防护工程的措施有：梯田、拦水沟埂、水平沟、水平阶、水簸箕、鱼鳞坑、山坡截流沟、水窖，以及稳定斜坡下部的挡土墙等。

沟道治理工程的目的在于防止沟头前进、沟床下切、沟岸扩张，减缓沟床纵坡、调节山洪洪峰流量，减少山洪或泥石流的固体物质含量，使山洪安全排泄。属于沟道治理工程的措施有：沟头防护工程、谷坊工程、拦沙坝和以拦泥淤地、建设基本农田为目的的淤地坝等。

山洪、泥石流排导工程的作用在于防止山洪或泥石流危害沟口冲积扇上的房屋、工矿企业、道路及农田等具有重大经济意义的防护对象。属于山洪、泥石流排导工程的有排洪沟、导流堤等。

小型蓄水供水工程的作用在于将坡地径流及地下潜流拦蓄起来，减少水土流失危害，灌溉农田，提高作物产量。其工程包括小水库、蓄水塘坝、淤滩造田、引水上山等。

1. 小流域综合治理

首先是搞好设计。要制订好分步实施计划，小流域的上游要封山育林，陡坡垦种的要逐步改为梯田或退耕还林。要对城镇、人口密集的村庄和保护大片农田的地段先行整治。一是整体设计应根据流域的自然、社会特点以及生物种群的利用优势，正确应用系统工程的原则和方法，围绕经济发展目标，合理利用土地资源，实现生产水平的较大幅度提高。二是整体设计应根据流域经济形成、汇集与发展，呈网络状循序渐进，逐级递加的规律性，由上而下，建成各项措施合理配置的有机整体，实现流域多元化、多方位全面控制，以达到水土资源的高效开发与连续利用。三是整体设计中的御洪系统、资源利用、经济效益三项指标要安全、优化、高效。四是整体设计应广泛对已有的技术进行改进组装、配套实施，以小型提水保土工程措施与生物措施及保土耕作法等农艺措施协调配置为技术途径。

其次是综合整治。在具体工作中要处理好长期收益与近期收益、生物措施与工程措施、集体治理与个体承包的关系。小流域的综合治理，各种治理措施的配置，要为综合治理区的经济腾飞提供物质条件，使治理开发与经济发展融为一体。随着小流域综合治理规模的扩大，小流域内基本农田的增加，林草发展和基础设施的不断改善，农林副渔的全面发展，农副产业的兴办，依托小流域发展商品经济，将小流域的资源优势转为经济优势和商品优势，形成具有特色的商品生产基地。黄土高原旱作农业区地大面广，有着多种多样的地形、地貌，较大差异的气象因子与植被，应因地制宜地进行山水林田路综合治理，不能采取单一的治理模式。

再次是典型引路。小流域是江河的最小单元，是产水产沙的源头，把小流域治理好了，减沙减洪也就解决了。因此要将小流域治理作为黄土高原生态建设和农业建设的战略性、根本性措施。按小流域进行综合、连续、集中的治理，是水土保持的成功经验。

2. 工程简介

（1）坡面治理工程

坡面在山区农业生产中占有重要地位，斜坡又是径流的策源地，水土保持要坡沟兼治，而坡面治理是基础。坡面治理工程包括斜坡固定工程、山坡截流沟工程等。

①斜坡固定工程

斜坡固定工程是指为防止斜坡岩土体的运动，保证斜坡稳定而布设的工程措施，包括挡墙、抗滑桩、削坡、反压填土、排水工程、护坡工程、滑动带加固工程和植物固坡措施等。

②山坡截流沟工程

山坡截流沟是在斜坡上每隔一定距离修筑的具有一定坡度的沟道。山坡截流沟能截短坡长，阻截径流，减免径流冲刷，将分散的坡面径流集中起来，输送到蓄水工程里或直接输送到农田、草地或林地。山坡截流沟等高耕作、梯田、涝池、沟头防护等措施相配合，对保护其下部的农田，防止沟头前进，防治滑坡，维护村庄和公路、铁路的安全有重要的作用。

（2）沟道治理工程

为固定沟床，拦蓄泥沙，防止或减轻山洪及泥石流灾害而在山区沟道中修筑的各种工程措施，如谷坊、拦沙坝、淤地坝、小型水库、护岸工程等，称为沟道治理工程。沟道治理工程的主要作用在于防止沟道底部下切，固定并抬高侵蚀基准面，减缓沟道纵坡，减小山洪流速。它对于沟坡及山坡的稳定也具有重要意义。

①谷坊

谷坊是山区沟道内为防止沟床冲刷及泥沙灾害而修筑的横向挡拦建筑物。谷坊高度一般小于3m，是水土流失地区沟道治理的一种主要工程措施。

谷坊的作用有：固定与抬高侵蚀基准面，防止沟床下切；抬高沟床，稳定山坡脚，防止沟岸扩张及滑坡；减缓沟道纵坡，减小山洪流速，减轻山洪或泥石流灾害；沟道逐渐淤平，形成台阶地，为发展农林业生产创造条件。

谷坊的主要作用是防止沟床下切冲刷。因此，在考虑沟段是否应该修建谷坊时首先应当研究该段沟道是否会发生下切冲刷。

②拦沙坝

拦沙坝是以拦山洪及泥石流中固体物质为主要目的，防治泥沙灾害的挡拦建筑物。它是泥石流治理的主要沟道工程措施，坝高一般为3～15m，在黄土区亦称泥坝。

在水土流失地区沟道内修筑拦沙坝，具有以下几个方面的功能：

a. 拦蓄泥沙（包括块石）以免除其对下游的危害，便于下游河道的整治。

b. 提高坝址处的侵蚀基准，减缓了坝上游淤积段河床下降，加宽了河床，并使流速和径流深减小，从而大大减小了水流的侵蚀能力。

c. 淤积物淤埋上游两岸坡脚，由于坡面比降低，坡长减小，使坡面冲刷作用和岸坡崩塌减弱，最终趋于稳定，因沟道流水侵蚀作用而引起的沟岸滑坡，其剪出口往往位于坡脚附近。拦沙坝的淤积物掩埋了滑坡体剪出口，对滑坡运动产生阻力，促使滑坡稳定。

d. 拦沙坝在减少泥沙来源和拦蓄泥沙方面能起重大作用。拦沙坝将泥石流中的固体物质堆积库内，可以使下游免遭泥石流危害。

③淤地坝

淤地坝系指在沟道里为了拦泥淤地所建的坝，坝内所淤成的土地称为坝地。淤地坝主要目的在于拦泥淤地，一般不长期蓄水，其下游也无灌溉要求。随着坝内淤积面的逐年提高，坝体与坝地能较快地连成一个整体，实际上可看做是一个重力式挡土墙。一般淤地坝由坝体、溢洪道、放水建筑物三个部分组成，溢洪道是排泄洪水建筑物，当淤地坝洪水位超过设计高度时，就由溢洪道排出，以保证坝体的安全和坝地的正常生产。放水建筑物多采用竖井式和卧管式，沟道常流水，库内清水等通过水设备排泄到下游。

反滤排水设备是为排除坝内地下水、防止坝地盐渍盐碱化、增加坝坡稳定性而设置的。淤地坝设计、施工、管理技术与水库有相同的方面，也有不同的方面。淤地坝在构成上也要求大坝、溢洪道和放水涵管“三大件”齐全，但由于它主要用于拦泥而非长期蓄水，因此，淤地坝比水库大坝设计洪水标准低，坝坡比较陡，对地质条件要求低。淤地坝在设计和运用上一般可不考虑坝基渗漏和放水骤降等问题。

（二）水土保持生物措施

通过植树造林，特别是种植抗旱保水的植被，利用其强大的根系锁住水分，如在黄土高原地区开展的大规模的退耕还林还牧。

对于黄土高原大片人口密度比较小、降雨适当的地区，要采取退耕、封育、禁牧等措施，促进生态自然修复，恢复植被覆盖，加快水土流失治理进程。退耕还林还牧其目的是因地制宜，封山、造林、种草和禁牧，达到“山清、水秀、村美、人富”。国务院提出“退耕还林（草），封山绿化，以粮代赈，个体承包”的十六字方针，对指导生态恢复与重建有指导意义。目前要抓住有利的时机和成熟的条件，坚持退耕还林还草和贫困山区移民，禁止陡坡开荒种地，恢复林草植被。山坡耕地质量差、产量低，不广种不足以维持生计，因而引发了陡坡开垦、轮歇种植等破坏生态环境的耕作方式，形成“越穷越垦、越垦越穷”的恶性循环局面。当前应抓住国家实施加大水利等基础设施建设的有利时机，鼓励农民将坡度大于25°、产量低于750kg/hm^2的坡耕地退耕还林还草，进行农业种植结构调整，发展畜牧业和种植高附加值的经济作物和树种，使农民退耕后既有稳定收入，又能尽快脱贫致富。对部分退耕确有困难的贫困山区，应实行向条件相对较好或耕地充足的地区整体移民，以减轻山区的人口压力，防止退耕反弹。同时应制定政策，禁止对现有荒山荒坡的开垦，禁止对荒山荒坡过采、过牧等掠压式经营，造成新的水土流失。还要加强对现有林草植被的保护，封山育林育草，使荒山荒坡的植被得到一定恢复后，再进行植树种草的荒山绿化工作，可收到事半功倍的效果。在黄土丘陵区退耕还林还草过程中，造林应先种草、后植树。种草时，首先考虑抗旱耐寒力强的品种，还要考虑根系发达、分蘖力强、生长迅速、枝叶繁茂、覆盖度大、再生力强、保持水土能力强的品种。草地面积的大幅度增加，可以带动养殖业的发展，推动农村经济的进一步发展。一是草业带动畜牧业发展，加快大家畜出栏周期，增加农民收入。二是饲草喂畜，畜粪肥田，提高单位面积粮食产量，减轻退耕还林还草的压力，提高农民进行生态环境建设和发展生态农业的积极性。甘肃定西试验区在实施的梁峁沙棘、油松林带的鱼鳞坑和沟道反坡台、水平沟内大面积种植紫花苜蓿和红豆草、草木樨等，不仅迅速提高了地面覆盖度，减少了水蚀、风蚀，而且还为畜牧业提供了优质饲草来源，改变了当地生态小气候。庄浪县在全县范围年推广紫花苜蓿种植面积0.60万hm^2，红豆草种植面积0.07万hm^2。

各项防治措施的基本原理是：减少坡面径流量，减缓径流速度，提高土壤吸水能力和坡面抗冲能力，并尽可能抬高侵蚀基准面。在采取防治措施时，应从地表径流形成地段开始，沿径流运动路线，因地制宜，步步设防治理，实行预防和治理相结合，以预防为主；治坡与治沟相结合，以治坡为主；工程措施与生物措施相结合，以生物措施为主。只有采取各种措施综合治理和集中治理、持续治理才能奏效。

（三）水土保持耕作措施

水土保持耕作措施是为了蓄水、保土、改良土壤，提高农业产量，在水蚀和风蚀的农田中，所采取的改变小地形、增加地面覆盖等与耕作有关的农业技术措施。

水土保持耕作措施是劳动者在长期生产实践中创造的传统农业耕作技术。据史书记载，早在4000多年前，我国就已采用农业耕作措施保持水土，如沟垄种植法。近代，将传统农业耕作技术与新的科学技术结合起来，水土保持耕作措施已发展到较高水平，成为对水土流失严重地区进行治理的重要手段。水土保持农业耕作措施对大多数国家的农业生产都有重要意义。美国、前苏联、澳大利亚等国家的大部分缓坡耕地和牧地都普遍采用等高耕作、草田轮作、残茬覆盖、少耕免耕、等高犁沟、水平沟等方法，对防治水蚀和风蚀提高农牧业生产具有显著效果。这些国家已把水土保持农业耕作措施作为长期或永久防治农田或牧地侵蚀的重要措施。

根据所起的作用和形式可分为三大类。①以改变小地形为主的水土保持农业耕作措施，主要有：沟垄种植，特点是等高开沟起垄，包括水平沟种植、平播起垄、中耕换垄等；坑田种植、大窝种植、种植坑上下交错，等高成行；新式圳田，通过耕翻培埂，形成0.7～1.0m宽的窄小梯田，类似蓄水聚肥耕作及抽槽聚肥耕作；水平防冲沟，主要在夏季休闲地或牧坡地上用犁横向开沟。②以增加植物被覆为主的水土保持农业技术，用麦类、豆类、玉米、高粱疏密不同、生长季节不同的作物与牧草实行等高间作套种，可以增加植物被覆或被覆时间，如果采用不同作物与牧草、灌木等高带状间作轮种，也有改变小地形、减缓地面坡度的作用。在经济作物区也采用地膜覆盖，减少土壤蒸发。③以增加地面覆盖，增强土壤抗蚀力为主的水土保持农业技术。主要有保留作物残茬或秸秆覆盖，以及少耕、免耕、沙田等方法，可以保护地面，增加土壤有机质，改变土壤理化性质，增强土壤抗蚀能力，防治水蚀、风蚀，提高粮食产量。

各地水土保持农业耕作措施都有显著减少径流冲刷、改良土壤、增加产量的效果。在中国西北黄土高原水蚀地区，采用水土保持农业耕作措施，在相同的降雨条件下，可减少径流50%～80%，减少土壤冲刷50%～90%；在东北风蚀地区，可减少土壤风蚀50%～70%；在南方四川等省可减少径流50%～70%，减少土壤冲刷50%～80%。同时，可使土壤中氮、磷、钾肥、有机质及团粒结构增加，孔隙度增大，渗透贮水层加深。增产粮食一般为20%～50%。

三、灾害与防治

（一）干旱

干旱是指土壤水分不足，不能满足农作物和牧草生长的需要，造成较大的减产或绝产的灾害。旱灾是普遍性的自然灾害，不仅农业受灾，严重的还影响到工业生产、城市供水和生态环境。中国通常将农作物生长期内因缺水而影响正常生长称为受旱，受旱减产三成以上称为成灾。经常发生旱灾的地区称为易旱地区。旱灾是我国占第一位的气象灾害，影响面最广、最为严重。旱灾在我国分布虽广，但程度并不同。相对来说，我国华北地区、黄土高原、河西走廊、四川盆地等旱灾最为频繁。

干旱主要是在高气压的长期控制下形成的。高气压常占据很大的区域，故干旱往往波及广大地区，即所谓“一旱一大片”。降水量少，蒸发量大是形成干旱的直接原因，而大气环流异常，海气和陆气相互作用会导致降雨偏少，蒸发加剧，这是干旱发生的根本原因。在农作物需水的关键时期，干旱的危害更大：播种时干旱会造成缺苗断垄以及生长缓慢、苗弱、萎蔫、植株生长受抑；花分化期干旱会减少花数；开花期干旱会降低禾谷类的结实率，果树、棉花等会大量落花，严重干旱时发生落花、落荚、落蕾、落果以及干枯秕粒，甚至作物会干枯而死，造成绝产。长期无雨或少雨，会使塘干井涸，河水断流，地下水位下降，灌区因无水可灌而减产。在特重干旱情况下，常造成人畜饮水困难。

当然，干旱的发生除了取决于气候条件外，其程度轻重还受到地形和土壤条件等因素的影响。例如，阳坡蒸发量大，干旱较阴坡重；在坡地上，地势越高，干旱也越重。

1. 评价干旱灾害的常用指标

（1）以降水量大小作为指标。某一时期的降水量与历年同期平均降水量相比，如果小于历年同期平均降水量的80%，为始旱或轻旱；小于65%，为中等干旱；小于50%，为大旱或严重干旱；小于30%，则为特大干旱。某一时期历年平均降雨量大小，一般在各地的水利、气象、农业部门都有该项的统计结果。

（2）以土壤湿度作为干旱指标。土壤水分是旱作农业的主要需水来源，在同一降水情况下，作物是否会遭受干旱危害，必须分析土壤湿度状况如何。所以，根据作物不同生育期测定的土壤湿度值，对照作物生长发育和受旱情况，可以确定各级干旱指标。春旱对北方春作物播种影响很大，表6－1列出了几种主要农作物在生育盛期的旱象指标值（生育盛期是指作物营养生长和生殖生长同时进行的时期，这时作物枝叶繁茂，需水量大）。表中土壤湿度百分数为0～30cm耕作层土壤水分，土壤为沙壤土，如果是黏土指标值要加2%～4%，如果是沙土则减2%。

表 6—1 几种春作物种子出苗最低土壤湿度（%）

作物＼土壤类别	黏土	壤土	沙壤土	沙土
棉花	18～20	15	12～15	10～12
玉米	17	13～14	12	10
谷子、高粱	15	12～13	10	6～7
花生	15～16	12～13	10～11	9

此外，在春作物播种时除考虑出苗时所要求的水分外，在北方还要考虑度过春旱时期所需要的墒情。据中国农业大学土壤教研组调查和实验，春播时的适宜墒情为：①表墒（0～20cm 土层水分）为黄墒，对轻壤土讲土壤湿度是 10%～16%。表墒太高会使土壤温度降低，并易导致萌芽时土壤空气不足。使墒情保持在土壤能保持墒的最大数量的 50%～70%为最好；②低墒（20～50cm 的土壤水分）应为土壤能保持墒的最大数量的 70%～80%；③深墒（50～100cm 的土壤水分）应为 90%～100%。达到上述墒情，就可以保证春播作物度过春季土壤干旱期，特别是华北地区的初夏旱（群众称之为“卡脖旱”）。

（3）几种农作物的旱状和土壤（沙壤土）湿度指标，见表 6—2。

表 6—2 几种主要春播作物的旱象指标（土壤湿度%）

作物	轻微影响	严重影响	枯萎
棉花	13～14	<10	5～6
玉米	14～15	10～11	7～9
甘薯	10～12	6～7	
大豆	12～13	7～9	
谷子	<14	10	6～7

①谷子：0～30cm 土层土壤湿度为 6%～7%，叶片开始蜷缩，花叶变白或变黄；降到 5%～6%时，植株开始死亡。

②花生：0～30cm 土层土壤湿度为 8%，生长开始受到抑制，叶

片略有蜷缩，降到6%时，叶片白天萎蔫，夜间能恢复；降到4%时，叶片开始变成褐色或黄色，并逐渐干枯。

③夏播玉米：0～30cm土层土壤湿度为12%，玉米仍能维持生长；低于12%时出现暂时萎蔫；降到7%～8%时，部分叶片变色或枯干；抽雄期降到5%～6%时则昼夜都凋萎。

④芝麻：0～30cm土层土壤湿度为13%时，生长开始受到抑制，叶片稍有蜷缩；降到6%时，植株干枯。

⑤甘薯：0～30cm土层土壤湿度为11%时，可维持缓慢生长；降到8%时，叶片白天萎蔫，夜间能恢复；降到7%时，叶片变成褐色或枯黄；当继续降到6%时，薯块就不能正常发育。

2. 防御干旱的措施

(1) 调整农林牧业结构，改善旱区农业生态环境

干旱是我国主要自然灾害之一，它具有发生频率高、分布地域广、延续时间长、危害大的特点。干旱的形成是由多种因素引起的，防御干旱应该将长期、短期和应急措施等多方面结合。

林木和草地具有生物覆盖、生物穿透、防风固沙、保持水土等功能。北方干旱区，不仅有高山、高原、丘陵、盆地，更多的是沟、谷、川和坡地。地形复杂，气候多样，农业不能单抓粮食生产，必须实行山、水、土、草、林、田的综合治理，因地制宜地实行农林牧业相结合的农业生态结构。根据不同植被条件的水土流失观测：坡度27°～30°的农田、草地与林地上的径流量比值为100∶88∶75，冲刷量比植为100∶38∶17，林草地具有明显的涵养水分和控制水土流失，改善干旱区的农业生态环境的功能，有利于减轻和避免干旱的威胁。

(2) 掌握干旱规律，调整作物布局

在干旱多发地区，农业生产应重视选择耐旱的和产量稳定性作物，这是克服或避免干旱威胁的根本措施之一。如山西晋东南地区，冬春季节干旱多风，春季（4～6月）降水量仅占全年的23%左右，

蒸腾量大；夏季（7～9月）降水量占全年的60%以上，夏旱不重。据此该区在农作物布局上多种耐旱的谷子、糜子、高粱，少种小麦、花生；扩大秋收作物的种植比例，压缩小麦、花生的种植比例，减少了春旱的威胁；并针对谷子不同生长发育时期对水分的不同要求，一般谷子宜在“立夏”前后10天播种，这样可使幼苗期在初夏的旱季，利于蹲苗扎根；孕穗期正当雨季，避开了“胎里”旱；抽穗期正植雨季高峰，避免了“卡脖旱”；扬花期是晴朗秋天，有利于授粉，保证籽粒饱满。可见，掌握干旱和作物生长发育期规律，合理安排农业生产，是防御干旱夺丰收的有效措施。

（3）加强农田基本建设，增强土壤抗旱能力

干旱缺水是农业生产的主要限制因子。目前，我国广大干旱地区，年平均降水量一般在300～400mm以下，如果把自然降水量最大限度蓄起来，把地中墒有效地保起来，这也是防御干旱的有效措施。据西北水土保护研究测定：黄土高原的垆土，每米土层可以持水200～300mm，两米厚的土层，几乎把全年降水量能蓄起来。新疆农垦161团的试验，深耕比浅耕蓄墒深度增加30～80cm，耕层绝对含水量增加4.6%～7.0%。实践证明，开展农田基本建设、营造防护林、平整土地、修筑梯田、改进耕作措施等都可以达到保墒抗旱的作用。

（4）抑制蒸发、蒸腾

目前抑蒸抗旱化学药剂，在国内外逐渐得到广泛应用。药剂为农用液态膜，其原理是利用有机高分子物质在水的参与下形成液态膜，具有对水分子的调节和控制功能，达到吸水保水、抑制蒸发、减少蒸腾、节水省水和有效供水的目的，从而在干旱胁迫时提高水分利用率，增强作物的抗旱性。

抗旱化学药剂包括保水剂、抗旱剂和土壤结构改良剂三种。保水剂主要用作种子包衣和幼苗根部涂层；土壤结构改良剂主要用在

播种和移栽后对土壤进行喷施保护。抗旱化学药剂，一方面可用于小麦、谷子、玉米、水稻等各种粮食作物及花生、油菜、棉花、大豆等经济作物，并可用于果树、蔬菜，可根据不同要求采用拌种、蘸根、刷茎干和喷洒植株等多种方式，还可和肥料、农药混用；另一方面又可施于土壤，既能开源，又能节流，使用方法简便，无毒无害，不污染环境，为抗御干旱开辟了新的途径。但是，使用抗旱化学药剂是防御干旱的短期应急措施，只能在特定条件下和一定限度内，作为一项人工调控技术发挥作用。因此，要获得最佳效果和最大经济效益，应该选择在那些缺水最敏感的阶段使用。

（二）干热风

干热风是一种大气干旱现象，群众称之为“西南风火”、“旱风”、“火风”等。干热风出现时气温高、湿度小并伴随着大于或等于 3m/s 以上的风。干热风是我国北方麦区的主要气象灾害之一，主要危害小麦后期的正常发育。小麦抽穗后，干热风使小麦叶片的蒸腾强度剧增，从根部吸收的水分供不应求，造成生理脱水，表现为芒尖干枯，颖壳发白，叶片萎蔫发脆和茎秆呈灰白色，籽粒皮厚，腹沟深，严重时叶片卷曲呈绳状，或者青枯死亡。

1. 评定干热风害的气象指标

干热风对农作物的危害，热和干是主要危害因素，风则起着加剧干热的作用。选择温、湿、风三要素组合确定干热风害的气象指标，能够反映农作物受干热风害的实际情况。为了反映干热风对农作物的危害程度，在评定的气象指标里，采用轻重两级指标加以区别。首先根据干热风害出现的日数确定轻、重干热风害天气过程，然后根据干热风害天气过程次数和日数确定轻重干热风害年型，见表 6—3。该表内容为该地区从小麦收获向前推一个月，即开花灌浆至乳熟期，计算干热风害日数、天气过程和年份的指标值。

由于各地作物的气候生态类型有差异，应注意选择适用于本地区情况的干热风指标，如表 6—3 主要适用于华北地区，同时还应注意到作物受干热风危害程度与干热风出现前后的天气条件、地形、土壤质地和作物品种等因素有关。

表 6—3 华北地区小麦受干热风害气象指标

干热风日指标值	轻	日最高气温≥32℃，14h 相对湿度≤30%，14h 风速≥2m/s
	重	日最高气温≥35℃，14h 相对湿度≤25%，14h 风速≥3m/s
干热风天气过程	轻	①除重干热风天气过程所包括的轻干热风日外，凡连续出现大于 2d 轻干热风日为一次轻干热风天气过程 ②连续 2d 一轻一重干热风日，或出现一天重干热风日，也为一次轻干热风天气过程
	重	①凡连续出现大于 2d 重干热风日为一次重干热风天气过程 ②在一次干热风天气过程出现 2d 不连续重干热风日
干热风年型	轻	①危害期间有两次以上轻干热风天气过程，或一次重干热风天气过程或轻干热风日连续 4～6d 也为轻干热风年型 ②小麦千粒重一般下降 1～3g
	重	①危害期间有两次以上重干热风天气过程，或一轻一重，或四次以上轻干热风天气过程，则为重干热风年型 ②在一次干热风天气过程，重干热风日连续大于 4d 以上，或轻干热风日连续大于 7d 以上，也为重干热风年型 ③小麦千粒重一般下降 3～5g

干热风害是影响我国北方小麦生长的主要农业气象灾害之一，应加强预测预报。在华北平原一般集中出现在 5 月下旬到 6 月中旬。在北方群众中还普遍流行有“麦收冬墒”、“冬暖春雨少”的谚语。大意是冬季若雨雪偏多，土壤墒情较好，春旱轻，干热风害出现少，小麦将丰收；若冬季天气暖和，春季雨水将偏少，春旱发生重，干热风害出现多，小麦将歉收。在南方稻作区群众中同样流行有相似谚语，如“出梅早，梅雨少，干热风害多；出梅迟，梅雨多，干热风害少”。掌握当地干热风发生发展的一般规律，对搞好农业生产很有帮助。

2. 干热风的防御措施

营造防护林带，搞好农田水利建设以便灌溉（浇灌、喷灌）以及施用化学药剂等。

（1）适时浇足灌浆水。灌浆水一般在小麦灌浆初期（麦收前 2～3 周左右）浇。如小麦生长前期天气干旱少雨，则应早浇灌浆水。

（2）酌情浇好麦黄水。对高肥水麦田，浇麦黄水易引起减产。所以，对这类麦田只要在小麦灌浆期没下透雨，就应在小雨后把水浇足，以免再浇麦黄水。对保水力差的地块，当土壤缺水时，可在麦收前 8～10d 浇一次麦黄水。根据气象预报，如果浇后 2～3d 内，可能有 5 级以上大风时，则不要进行浇水。

（3）喷磷酸二氢钾。为了提高麦秆内磷钾含量，增强抗御干热风的能力，可在小麦孕穗、抽穗和扬花期，各喷一次 0.2%～0.4%的磷酸二氢钾溶液。每次每 1/15 公顷喷 50～75kg。但要注意，该溶液不能与碱性化学药剂混合使用。

（4）喷施硼、锌肥。为加速小麦后期发育，增强其抗逆性和结实，可在 50～60kg 水中，加入 100g 硼砂，在小麦扬花期喷施。或在小麦灌浆时，每 1/15 公顷喷施 50～75kg 0.2%的硫酸锌溶液，可明显增强小麦的抗逆性，提高灌浆速度和籽粒饱满度。

（5）喷施萘乙酸。在小麦开花期和灌浆期，喷施 20PPM 浓度的萘乙酸，可增强小麦抗干热风能力。

（6）喷氯化钙溶液。在小麦开花和灌浆期，可喷施浓度为 0.1%的氯化钙溶液，每亩用液量为 50～75kg。

（7）喷洒食醋、醋酸溶液。用食醋 300g 或醋酸 50g，加水40～50kg，可喷洒 1/15 公顷小麦。宜在孕穗和灌浆初期各喷洒 1 次，对干热风有很好的预防作用。

（三）涝灾

涝灾是指由于本地降水过多，地面径流不能及时排除，农田积水超过作物耐淹能力，造成农业减产的灾害。造成农作物减产的原因是：积水深度过大，时间过长，使土壤中的空气相继排出，造成作物根部氧气不足，根系部呼吸困难，并产生乙醇等有毒有害物质，从而影响作物生长，甚至造成作物死亡。

雨涝引起的危害性质可以分为两种，一种是洪涝，主要是由于暴雨、长期连阴雨或冰雪大量融化，引起水体泛滥，造成水土流失、淹没农田、冲毁堤坝、破坏农业生产设施，使作物、人、畜受损。二是渍涝，由于长期阴雨、低温寡照、土壤水分长期处于过饱和状态，土壤透气性差，植物根系缺氧，丧失生机，烂根死苗，花果、籽实也因高温寡照而霉烂变质。

自古以来，雨涝灾害一直是困扰人类社会发展的自然灾害。我国有文字记载的第一页就是劳动人民和洪水斗争的光辉画卷，如大禹治水。时至今日，雨涝依然是对人类影响最大的灾害，也是我国最主要的自然灾害之一。2002 年，我国有近 2 亿人次遭受洪涝灾害。我国雨涝的发生具有出现次数频繁、旱涝交替出现等特点。

根据雨涝发生的季节，可将雨涝分为春涝、春夏涝、夏涝、夏秋涝和秋涝等几种类型。春涝及春夏涝主要发生在南岭及长江中下游一带，多由连阴雨造成。夏涝在黄淮海平原、长江中下游、华南、西南、东北等地发生的几率较高、多由暴雨或连续大雨造成。夏秋涝或秋涝在西南地区发生的几率最高，其次是华南沿海一带及长江中下游地区，再次是江淮地区，多由暴雨或连阴雨造成，对水稻、玉米、棉花等作物的产量、品质影响很大。

防涝治涝的主要措施是兴修水利、搞好水土保持、加强防汛、合理配置农业、改进耕作栽培制度和加强涝后管理等。

（1）兴修水利，搞好水土保持

在平原易涝区开挖河网，修建涵洞等建筑物，节节控制水流，做到排、引、蓄、灌调节自如，排灌结合，达到既能排涝又能抗旱的双重目的。例如修建沟洫条田，即在排水较畅通的洼地或地势较平坦的缓坡地，开挖浅而密的田间排水沟，及时排除地面水。条田的规格应根据地形，土壤条件，除涝、机耕灌溉要求和田间管理需要，因地制宜确定，条田沟要与排水系统衔接，使田间排水有出路。在山区主要是造林、种牧草、修梯田、修谷坊、挖蓄水坑和蓄水塘，做好水土保持，上游筑库、中游筑坡、下游堤防、洼地沟洫、节节蓄水，有蓄有排，收到防涝抗旱的双重效果。

(2) 合理配置农作

在易涝地区，摸清水涝发生规律，因地制宜，制定相应的作物栽培制度，与水涝灾害争地争时，积极防涝。例如：一般夏涝严重的地区，安排早熟品种，争取在夏涝发生前已经成熟收获；秋涝较多的地区，适当多套种春花作物。

(3) 涝后处理

农作物在受涝后，要及时加强田间管理，及时洗去污泥，迅速疏通沟渠，排尽余水，进行中耕、培土，酌施速效肥和注意防止病虫害等，以促进作物尽快恢复生长，减轻灾害损失。

(四) 冰雹

冰雹，俗称雹子，有的地区叫“冷子”，夏季或春夏之交最为常见，它是一些小如绿豆、黄豆，大似栗子、鸡蛋的冰粒，特大的冰雹比柚子还大。我国除广东、湖南、湖北、福建、江西等省冰雹较少外，各地每年都会受到不同程度的雹灾。尤其是北方的山区及丘陵地区，地形复杂，天气多变，冰雹多，受害重，对农业危害很大，猛烈的冰雹打毁庄稼，损坏房屋，人被砸伤、牲畜被打死的情况也常常发生。

冰雹灾害是由强对流天气系统引起的一种剧烈的气象灾害，它出现的范围虽然较小，时间也比较短促，但来势猛、强度大，并常常伴随着狂风、强降水、急剧降温等阵发性灾害性天气过程。我国冰雹灾害的时间分布是十分广泛的。尽管一日之内任何时间均有降雹，但是在全国各个地区都有一个相对集中的降雹时段。有关资料分析表明，我国大部分地区降雹时间70%集中在地方时13～19h，以14～16h之间为最多。湖南西部、四川盆地、湖北西部一带降雹多集中在夜间，青藏高原上的一些地方多在中午降雹。另外，我国各地降雹也有明显的月份变化，其变化和大气环流的月变化及季风气候特点相一致，降雹区是随着南支急流的北移而北移，而且各个地区降雹的到来要比雨季到来早一个月左右。一般说来，福建、广东、广西、海南、台湾在3～4月，江西、浙江、江苏、上海在3～8月，湖南、贵州、云南一带、新疆的部分地区在4～5月，秦岭、淮河的大部分地区在4～8月，华北地区及西藏部分地区在5～9月，山西、陕西、宁夏等地区在6～8月，广大北方地区在6～7月，青藏高原和其他高山地区在6～9月，为多冰雹月。另外，由于降雹有非常强的局地性，所以各个地区以至全国年际变化都很大。

目前，开展人工防雹，使其向人们期望的方向发展，达到减轻灾害的目的，常用的方法有：①用火箭、高炮或飞机直接把碘化银、碘化铅、干冰等催化剂送到云里去；②在地面上把碘化银、碘化铅、干冰等催化剂在积雨云形成以前送到自由大气里，让这些物质在雹云里起雹胚作用，使雹胚增多，冰雹变小；③在地面上向雹云放火箭、打高炮，或在飞机上对雹云放火箭、投炸弹，以破坏对雹云的水分输送；④用火箭、高炮向暖云部分撒凝结核，使云形成降水，以减少云中的水分；在冷云部分撒冰核，以抑制雹胚增长。

此外，农业防雹措施常用方法有：①在多雹地带，种植牧草和树木，增加森林面积，改善地貌环境，破坏雹云条件，达到减少雹灾目的；②增种抗雹和恢复能力强的农作物；③成熟的作物及时抢收；④多雹灾地区降雹季节，农民下地随身携带防雹工具，如竹篮、柳条筐等，以减少人身伤亡。

第七章　农村水利建设与管理

水利是经济社会发展的重要组成部分，是各项产业发展的重要依托，是事关人民群众生命财产安全的重要事业。农村水利是农业发展的基础产业，必须适应新时期农业发展的需求。随着我国农业由传统型向现代型转变、由粗放经营向集约经营转变、由资源密集型向技术密集型转变，农业发展对农村水利提出了新的要求，农村水利的发展方向和重点也必须有相应的调整和转变。目前，在开展农村水利工程建设的同时，要重点加大小型农村水利工程设施产权制度改革、灌区管理体制、机制改革、农村用水合作组织以及农村水利建设新机制等方面改革力度。同时，按照国务院文件要求，主动配合相关部门，研究指导各地水利工作站建设的改革方案，加强乡镇水利工作站、村级农民技术员的队伍建设。

一、基本思路

农村水利建设与管理工作的指导思想是坚持以科学发展观为指导，坚持按照构建和谐社会的要求，坚持以中央治水方针和水利部党组新时期治水思路统领建设与管理工作，坚持以改革促发展，坚持“建管并重、依法行政、强化监督、规范管理、做好服务”，围绕“安全、质量、效益”，突出重点，扎实工作，全力做好水利建设与管理工作，推进可持续发展水利，为经济社会发展提供防洪安全、供水安全和生态安全保障。

“十一五”水利建设与管理工作的重点：把握“一个中心”、深化“两项改革”、加强“三项管理”、落实“四项措施”。

把握“一个中心”。即水利建设与管理工作要始终把“安全、质量、效益”作为工作目标和工作中心。

深化“两项改革”。即深化水利建设管理体制改革和推进水利工程管理体制改革，建立和完善水利建设与管理体制和运行机制。

加强“三项管理”。一是加强建设管理。全面落实三项制度，严格建设程序；加强政府质量与安全监督，加大稽查检查力度，确保工程质量和安全。二是加强工程运行管理和科学调度。落实工程安全责任制，推进水利工程管理规范化、现代化和科学调度，确保工程运行安全，充分发挥工程效益。三是加强社会管理和公共服务。加强市场监管，严格市场准入，规范市场秩序；加强涉河事务管理，维持河湖健康生命。把对社会负责与维护市场主体利益相统一，加强监督与改进服务相统一，在服务中实施管理，在管理中体现服务。

落实“四项措施”。一是加强制度建设，构建系统完善的法规制度和技术标准体系。二是加强监督管理，管好建设，管好市场，管好工程，管住河湖。三是强化危机管理，建立应急处理机制，积极应对公共突发事件。四是加强基础工作和能力建设，提高队伍整体素质，提高行政和执法能力。

二、主要内容

（一）新时期农村水利政策法规的改革

1. 加强普法宣传

发展农村水利，建设社会主义新农村，必须坚持依法治水、管水，保障水利事业健康发展。各级水利部门要认真宣传《水法》、《防洪法》、《水土保持法》等法律法规，增强全社会的水忧患意识和水法制观念，形成全社会关心水利、支持水利的良好氛围。要加大执法力度，建立健全各级水行政执法队伍体系，及时查处水事违法案件，完善监督制度，健全监督体系，严格监督程序，界定监督范围，明确监督责任，进一步增强执法透明度，自觉把水行政执法活动置于人民群众监督之下，主动接受人大、政府、群众、新闻媒体的监督，确保严格执法、公正执法、文明执法。

2. 完善管理体制

目前我国农村水利的管理体制基本上是事业型的，以灌区管理部门与县、乡行政管理相结合为主。这种管理体制的优点在于水利工程属国有资产，灌区工程的重大举措能够及时得到上级领导支持，动员群众完成任务。但其弊端表现在：①灌区管理单位对灌区工程建设和水量调度缺乏自主权，行政干预过多；②经营不能自主导致经费难以自给，缺少工程维修能力，致使工程老化失修，难以维持简单再生产。农村水利这种事业型的管理体制已明显不能适应新形势的要求，对其进行改革势在必行。

按照农村灌溉和安全供水集约化、规模化、社会化的方向，积极发展跨区域集中供水，加强水利主干工程管理和养护，逐步建立以现有水管单位专业化管理为依托的法人负责制的管理机制。按照“宜售则售，宜股则股，宜包则包，宜租则租”的原则，探索建立与家庭联产承包责任制相适应的农村小型水利设施投资和经营管理体制。加快农民用水合作组织建设，根据农村小型水利工程建设类型和规模，明晰产权和管理方式，规范流转，鼓励和引导用水户通过用水合作组织等形式对工程维护、用水管理、水费收缴等进行自主管理，逐步建立用水户自主管理与水管单位专业化服务相结合的管理模式。

3. 健全农村水利建设投资机制

水利资金投入不足是目前农村水利建设的一大难题。财政投入不足，市、县级水利工程建设配套资金不能全部到位，此外，市、县水利部门所属的抗旱服务队，工作经费也没有列入财政预算，农民筹资筹劳困难，税费改革后，农村小型水利建设失去了稳定投入的渠道，这些都严重制约了农村水利的建设。

农村水利建设投资的主要受益者并不仅仅是农民，更重要的是水利投资的环境和社会效益，是保证整个社会经济的可持续发展。因此，发展节水灌溉和其他农村水利建设应属公益性事业，只有国家加大投入，才能有效推动这一事业的发展。但是，国家对农村水利的投入强度受到总体经济发展水平和国家财力制约，必须拓宽投资渠道，改革投资机制，使国家投资不仅能够解决农业发展急需解决的关键问题，取得经济效益，还应具有引导和带动地方政府、企业和农民多方投资的作用。调动农民参与农村水利工程的投资、建设和管理，是提高投资效益的关键。

农田水利建设的投资要讲求整体性，在工程统一规划的基础上，从骨干工程到田间工程同步实施，国家、地方和农民按比例投入，才能取得良好的投资效益。在过去的一些灌区建设中，由于国家投资只用于骨干工程，地方投资不配套，造成许多“半截子工程”，使工程效益得不到充分发挥。吸取这样的经验教训，国家投资应遵循骨干工程与田间工程同时规划、同步实施的原则，对配套完善、效益好的工程给予奖励，对没有配套工程规划的设计不予审批。

4. 建立科学的水价政策和水费计收体系

建立科学的水价政策和水费计收体系可对提高节水意识、加强用水管理、提高水的利用效率起到经济杠杆作用。目前我国水价政策的基本依据仍然是 1985 年国务院颁布的《水利工程水费核订、计收和管理办法》，十多年来社会经济发生了很大变化，水资源开发利用状况也在改变，而水价政策变化不大，大部分地区水价过低，起不到有效的经济调节作用，造成农民节水意识不强。鉴于我国水资源的紧缺状况，调整水价势在必行。

科学的水价政策首先应能保证供水成本的回收，这是维持工程简单再生产所必需的。在向社会筹集工程建设资金的情况下，水价还必须包括平均利润。另外，水价政策应遵循超额用水累进加价的原则，以经济手段限制多用水。这就要求各地水行政主管部门要根据水资源供需状况制定科学用水配额制度和节水奖励政策。

多年来水价问题一直难以解决的关键问题有两个：一是渠系配套不完善，量水设施缺乏，水量不能控制，配水不能计量，难以按量收费。二是担心提高水价会增加农民负担。解决这些问题的办法：一是加快输配水系统的工程配套，完善量水系统。二是把提价和其他节水措施结合起来，减少用水量，增加收益，农民就容易接受。

21 世纪我国农村水利的主要目标是在有限的水资源条件下解决 16 亿人口的粮食安全问题，主要任务包括三个方面，即节水农业建设、农村水污染防治和解决乡镇供水和农村饮水。要完成上述目标和任务，一是依靠先进的科学技术，二是依靠农村水利政策法规的改革。

（二）新时期农村水利队伍建设的改革

把乡镇水利站致富作为农村水利工作的一项重要内容，积极探索以水养水富水与以项目促发展增效益之路。

1. 积极引导指导乡镇水利站制定各项水利发展规划、建设计划、实施策略，把项目建设作为事业发展创收增效的根本途径，精心谋划，务实推进。

2. 建立项目工程信息报告制度，积极帮助协调，强化科技指导，规范建设程序，经营项目效益。

3. 要加强专业人才队伍建设，采取招聘等举措引进专业人才，补充新鲜血液，逐步改变水利专业队伍人才青黄不接的现状。要充实和稳定乡镇水管人员队伍，乡镇水利站已核定的在编人员，其人头经费要纳入财政预算，并按规定缴纳养老、医疗、工伤、失业等各类保险。具体措施如下：

一是加强培训，建立专业技术人才培训制度，采取脱产、短期培训、函授等方式整体提高职工的技术水平。二是落实经费，水务局要加强同县财政衔接，调整支出结构，把专业技术人才培养经费列入财政预算，专项用于技术培训。三是提高技术人员待遇，激励水利职工岗位成才。四是增加人员编制，招聘大专院校毕业的专业技术人员充实水利队伍。

加强基层队伍素质培训工作，建立健全工作考核制度，努力造就一支品德高尚、素质全面、善于经营、乐于奉献的水利队伍，从而更好地为农村水利建设作贡献。

（三）生态环境保护方面的改革

一是加强山、水、林等自然资源的保护。加强水土流失治理，改变生态脆弱区和自然保护区的居民生产方式；制定开发和利用生态资源的环保推进政策，使自然资源得到有力的保障。二是部门协作联动加强生态建设。着眼于城乡统筹发展战略高度，充分发挥农业、林业、水务、国土、卫生、环保等管理部门的作用，结合自身职能制定加强生态建设和保护的职责和目标，共同打造美好的生态环境，让水利更多更好地造福社会和人们的生产生活。

参考文献

1. 沈阳农业大学．农田水利学．北京：农业出版社，1994. 98～135

2. 左强，李品芳主编．农业水资源利用与管理．北京：高等教育出版社，2003. 120～404

3. 康国玺编著．集雨节灌工程．兰州：兰州大学出版社，2005. 9～29

4. 杨振刚编．农村供水与凿井．北京：中国农业出版社，1995. 82～187

5. 刘拴明，王昌慈，曹洪升等编．农田水利工程建设与管理．郑州：黄河水利出版社，2001. 174～182

6. 吴普特，牛文全，郝宏科主编．现代高效节水灌溉设施．北京：化学工业出版社，2002. 80～108

7. 钟尚臣总主编．新编农村实用技术全书（节水农业卷）．北京：中国农业出版社，1997. 206～218

8. 邬琼主编．喝干净水．农村取水排水．北京：中国计划出版社，2007. 189～323

9. 刘玲花，周怀东等编译．农村安全供水技术手册．北京：化学工业出版社，2005. 135～185

10. “农村经济技术社会知识丛书”编委会编．节水灌溉．北京：中国农业出版社，2000. 10～58

11. 周广生，渠丽萍主编．农村区域规划与设计．北京：中国农业出版社，2003. 90～113

12. 王宪国，张丽芳编．村镇给水排水．北京：中国建筑工业出版社，1993. 91～133

13. 鲁刚主编．新编农村供水工程规划设计手册．北京：中国水利水电出版社，2006.369～430

14. 王秀民，何雪涛．中国农村水利水电．2001，(8)：26～28

15. 王庭栋等著．农村饮用水卫生检测技术．北京：华夏出版社，1993.51～69

16. 郑合英主编．水土保持原理．北京：中国水利水电出版社，2000.36～68

17. 李延忠．中国农村水利水电．2001，(4)：27～29

18. 村镇建设技术丛书编辑委员会主编．村镇建设与环境保护．天津：天津科学技术出版社，1987.68～79

19. CJ3020—93 生活饮用水水源水质标准

20. GB11730—89 农村生活饮用水量卫生标准

21. 孟庆枚主编．黄土高原水土保持．郑州：黄河水利出版社，1999.68～90

22. 中德合作山东粮援项目办公室编．农村供水工程运行与管理. 北京：中国水利水电出版社，1999.56～81

23. 汪志农主编．灌溉排水工程学．北京：中国农业出版社，2000.168～230